水工建筑物耐久性关键技术与应用

王可良　刘刚　史斯年　著

SHUIGONG JIANZHUWU
NAIJIUXING GUANJIAN JISHU
YU
YINGYONG

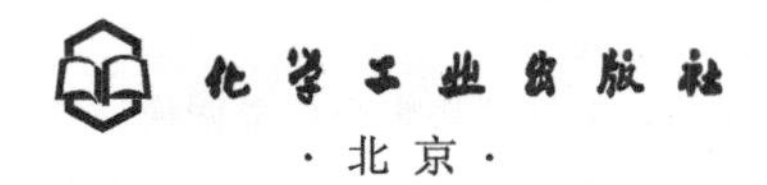

·北京·

内容简介

本书阐述了水工建筑物耐久性研究的背景和主要内容，介绍了相关试验方法。针对橡胶粉混凝土存在的问题，提出了解决橡胶粉混凝土制备的关键技术，并系统研究了橡胶粉混凝土力学、变形、断裂和耐久性能，为橡胶粉混凝土在水工建筑物中的应用提供技术支持。

本书可供科研、设计、施工和监理等一线工程技术人员参考使用，也可作为相关院校师生学习用书。

图书在版编目（CIP）数据

水工建筑物耐久性关键技术与应用/王可良，刘刚，史斯年著. —北京：化学工业出版社，2020.10

ISBN 978-7-122-37396-0

Ⅰ.①水… Ⅱ.①王…②刘…③史… Ⅲ.①水工建筑物-耐久性-研究 Ⅳ.①TV6

中国版本图书馆CIP数据核字（2020）第122768号

责任编辑：吕佳丽　　文字编辑：邢启壮

责任校对：王　静　　装帧设计：王晓宇

出版发行：化学工业出版社（北京市东城区青年湖南街13号　邮政编码100011）

印　　装：北京虎彩文化传播有限公司

710mm×1000mm　1/16　印张7　字数121千字　2021年1月北京第1版第1次印刷

购书咨询：010-64518888　　售后服务：010-64518899

网　　址：http://www.cip.com.cn

凡购买本书，如有缺损质量问题，本社销售中心负责调换。

定　　价：88.00元

前言

水工建筑物是水利工程建设的主体，其耐久性关系着建筑物的运行安全。随着现代科技的发展，水工建筑物的质量得到较大提高，但仍存在裂缝普遍、抗滑稳定性差、耐久性不良等亟待解决的关键问题。采用废弃橡胶粉混凝土技术可突破上述技术瓶颈，提升水工建筑物的耐久性，对国民经济和社会发展具有重要意义。

本书阐述了水工建筑物耐久性研究的背景和主要内容，介绍了相关试验方法。针对橡胶粉混凝土存在的问题，提出了解决橡胶粉混凝土制备的关键技术，并系统研究了橡胶粉混凝土力学、变形、断裂和耐久性能，为橡胶粉混凝土在水工建筑物中的应用提供技术支持。针对岩基约束水工建筑物裂缝普遍的状况，研究了岩基约束水工建筑物的应力分布状况和规律，开发了利用橡胶粉混凝土控制水工建筑物裂缝核心技术及相关的温控措施与工程应用。针对岩基水工建筑物抗滑稳定性，阐明了岩基建筑物基底反力分布规律，在此基础上，研究了橡胶粉对岩基-混凝土抗剪性能影响及规律，提出了提升水工建筑物抗滑稳定性新技术。针对大坝防渗墙强度、弹性模量、渗透系数间的对立矛盾，研究了系列大变形、低渗透防渗墙制备核心技术和工程应用。针对渠道衬砌薄壁结构混凝土，阐述了低干缩、小徐变、高抗冲磨混凝土制备关键技术和工程应用。

本书得到山东省科技发展计划项目《废弃橡胶改性混凝土提高岩基约束水工建筑物耐久性技术研究》、山东省省级水利科研与技术推广项目《橡胶集料混凝土在岩基约束水工建筑物中的应用研究》《灌区渠道衬砌混凝土裂缝控制关键技术研究》《橡胶颗粒改性坝体混凝土防渗墙的性能研究》《淄博市太河水库封闭式渠道耐久性研究及治理措施》等项目资金资助，在此深表感谢。

著者

2020 年 6 月

目录

第1章

引　言

1.1 研究目的与意义

混凝土是当今世界最广泛的建筑材料，但由于混凝土固有的脆性特性，导致混凝土在应用过程中经常出现裂缝、应力集中等工程难以解决的问题。因此，如何减小混凝土脆性特性，增加其柔性和变形能力是工程亟待解决的关键。橡胶粉混凝土是将废弃橡胶粉作为一种集料掺入混凝土中，配制而成的一种新型混凝土，具有延性和韧性好的特性，是目前国内外研究的热点。由于橡胶粉混凝土中掺入废弃橡胶粉，增加了混凝土组成成分，使混凝土的内部结构发生变化，特别是橡胶粉与水泥浆之间形成了新的界面结构，对混凝土的性能产生了较大影响，主要表现为混凝土的强度降低。此外，由于橡胶粉密度小于混凝土中的其它组成成分，因此，在混凝土制备过程中，橡胶粉容易上浮，造成混凝土内部不均匀，影响橡胶粉混凝土性能发挥。混凝土强度降低及橡胶粉易上浮的问题，严重影响了橡胶粉混凝土在水利工程中的推广和应用，因此，突破上述两大技术瓶颈，才能发挥橡胶粉混凝土的优异特性，解决水工建筑物中遇到的技术难题。

水工建筑物是水利工程建设的主体，具有防洪、排涝、灌溉、防灾、减灾等功能，其建造质量关系着运行安全，涉及人民财产与生命危害，因而备受社会关注。据统计，80%大中型水工建筑物建立在岩基上。水工构筑物受岩基约束易产生裂缝，加剧了其它病害的发生和发展，使建筑物的实际服役年限缩短 40%～60%。尽管国内外相关学者从混凝土设计、材料及施工等环节，采取诸多技术措施，但仍未破解岩基约束水工建筑物裂缝的技术瓶颈。因此，如何减少水工建筑物裂缝，增加其运行安全和服役年限，已成为行业亟待解决的关键问题。

建在岩基上的重力式建筑物，特别是混凝土重力坝，在各种荷载作用下，可能使坝体发生滑动、倾覆，因此坝基的抗滑稳定对大坝的耐久性设计起控制作用，尤其对需要有很高抗剪强度的高坝和可能承受动荷载作用的大坝更是如此。大坝岩基与混凝土间的抗剪强度是大坝稳定设计的关键参数，直接影响基础处理的工程量和工期，甚至还影响大坝形态与枢纽布置。坐落在岩基上的重力式建筑物，依靠岩基与大体积混凝土接触面的摩擦力平衡巨大的水压力。接触面的摩擦系数有很小的变化，需要混凝土的体积发生大的变化以保持摩擦力不变，从而工程造价出现大的差别。因此，提高混凝土与岩基接触面的摩擦系数，增强建筑物的抗滑稳定性具有显著的经济效益，并对工程安全有重要意义。

混凝土防渗墙是对闸坝等水工建筑物在松散透水地基中进行垂直防渗处理的主要措施，其耐久性影响着其它水工建筑物功能发挥。混凝土的强度、弹性模量和渗透系数是防渗墙的关键设计参数，但在实际工程应用中，难以实现三个参数的有机统一。特别是周围介质（既有土层又有砾石层）相对复杂的混凝土防渗墙，设计要求的混凝土强度等级则相对较高，弹性模量较小，渗透系数较低。采用常规的试验方法和施工技术，难以同时满足混凝土防渗墙的设计要求。因此解决混凝土强度、弹性模量、渗透系数三者之间关系，是一个难以克服的关键问题。

渠道防渗工程技术是节水灌溉各个环节中的重要一环，衬砌混凝土有利于渠道防渗工程技术的实现。但渠道衬砌混凝土厚度薄，属于大面积薄板混凝土结构，在硬化过程和硬化后会因混凝土风缩、干缩、温度变化及地基沉降等产生不同程度的破坏；同时渠道内水压和渠底（基）扬压力长期作用于混凝土，使混凝土产生徐变，直至结构破坏。衬砌混凝土破坏，加大了渠道渗漏，降低了工程效益。目前，我国正在进行大面积的灌区改造工程，渠道衬砌混凝土用量大，研究如何提高薄板混凝土结构耐久性，具有重要意义。

水工建筑物面广量大，是水利设施的重要组成部分，采用普通混凝土难以解决上述关键技术问题。将韧性和延性好的橡胶粉混凝土应用于水工建筑物，有望突破上述技术瓶颈，提升水工建筑物耐久性，延长其服役年限，对国民经济和社会发展具有重大意义。

1.2 主要研究内容

本书主要研究以下内容：

(1) 橡胶粉混凝土的制备与性能　研究橡胶粉对混凝土工作性能影响，提出解决橡胶粉上浮问题的技术；研究橡胶粉对混凝土强度影响规律，揭示混凝土强度降低的原因，提出解决橡胶粉混凝土强度降低的技术；系统研究橡胶粉混凝土力学、变形、断裂和耐久性能，为橡胶粉混凝土在水工建筑物中应用提供技术保障。

(2) 橡胶粉混凝土用于控制岩基约束水工建筑物裂缝关键技术　研究岩基约束水工建筑物的应力分布状况，揭示分布规律；开发利用橡胶粉混凝土控制水工建筑物裂缝控制关键系列技术及相关的温控措施与工程应用。

（3）橡胶粉混凝土提升岩基建筑物抗滑稳定性机理与技术保障　建立岩基建筑物基底反力分布规律；研究橡胶粉对岩基-混凝土抗剪性能影响及规律，并揭示其机理；提出提升水工建筑物抗滑稳定性新技术。

（4）低渗透大变形混凝土防渗墙制备技术　建立防渗墙混凝土弹性模量与橡胶粉掺量之间的关系，提出大变形防渗墙制备关键技术；研制混凝土渗透结晶材料，构建大变形低渗透防渗墙制备技术。

（5）低干缩小徐变高抗冲磨渠道衬砌混凝土制备技术　研究橡胶粉对薄壁结构混凝土干缩性能影响规律，揭示橡胶粉降低混凝土干缩性能机理；研究渠底扬压力对橡胶粉混凝土徐变性能以及橡胶粉混凝土的抗冲磨性能的影响。

第2章

原材料、仪器与试验方法

2.1 试验原材料及产地

(1) 水泥　普通硅酸盐水泥P·O42.5，山东诸城产（用于橡胶粉混凝土力学和工作性能试验）；普通硅酸盐水泥P·O42.5，山东济南产（用于橡胶粉混凝土变形试验）；普通硅酸盐P·O42.5水泥，青州中联水泥（用于溢洪道温度应力试验）；普通硅酸盐P·O42.5水泥，山水水泥（用于水闸温度应力试验）；普通硅酸盐P·O42.5水泥，山东淄博产（用于温控试验）；普通硅酸盐水泥P·O42.5，山东潍坊产（用于橡胶粉混凝土抗剪试验）；普通硅酸盐水泥P·O42.5，山东诸城产（用于防渗墙混凝土试验）；普通硅酸盐水泥P·O42.5，山东日照产（用于衬砌混凝土干缩试验）；普通硅酸盐水泥P·O42.5，山东乳山产（用于衬砌混凝土徐变试验）；普通硅酸盐水泥P·O42.5，山东安丘产（用于混凝土抗冲磨试验）。

(2) 细骨料　中粗砂，山东诸城产（用于橡胶粉混凝土力学和工作性能试验）；中粗砂，山东泰安产（用于溢洪道温度应力试验）；中粗砂，山东宁阳产（用于橡胶粉混凝土变形试验）；中粗砂，山东青州产（用于水闸温度应力试验）；中粗砂，山东淄博产（用于温控试验）；中粗砂，山东临朐产（用于橡胶粉混凝土抗剪试验）；中砂，山东烟台产（用于防渗墙混凝土试验）；中砂，山东日照产（用于衬砌混凝土干缩试验）；中粗砂，山东乳山产（用于衬砌混凝土徐变试验）；中粗砂，山东沂源产（用于混凝土抗冲磨试验）。

(3) 粗骨料　10～31.5mm碎石，山东泰安产（用于橡胶粉混凝土力学和工作性能试验）；碎石5～20mm和20～40mm两级配，山东邹平产（用于溢洪道温度应力试验）；10～31.5mm碎石，山东临朐产（用于橡胶粉混凝土抗剪试验）；10～31.5mm碎石，山东青州产（用于水闸温度应力试验）；10～31.5mm，山东泰安产（用于温控试验）；5～10mm和10～31.5mm碎石，济南长清产（用于橡胶粉混凝土变形试验）；10～31.5mm碎石，山东宁阳产（用于温度应力试验）；5～20mm碎石，山东乳山产（用于防渗墙混凝土试验）；5～20mm碎石，山东日照产（用于衬砌混凝土干缩试验）；5～20mm碎石，山东诸城产（用于衬砌混凝土徐变试验）；5～20mm碎石，山东沂源产（用于混凝土抗冲磨试验）。

(4) 橡胶集料　40～60目废弃橡胶粉，山东邹平青州产。

(5) 外加剂　聚羧酸减水剂，济南某公司产。

(6) 矿粉 S95 矿粉，淄博广富产。

(7) 粉煤灰 Ⅱ级粉煤灰，邹平某公司产（用于变形性能试验）；Ⅰ级粉煤灰，邹平产（用于溢洪道温度应力试验）；Ⅰ级粉煤灰，潍坊某公司产（用于水闸温度应力试验）；Ⅰ级粉煤灰，山东泰安产（用于温控试验）；Ⅰ级粉煤灰，山东日照产（用于衬砌混凝土干缩试验）；Ⅰ级粉煤灰，山东诸城产（用于衬砌混凝土徐变试验）；Ⅰ级粉煤灰，山东淄博产（用于混凝土抗冲磨试验）。

2.2 试验仪器与设备

(1) 原材料称量仪器：天平，精度 0.1g，天津某试验仪器厂产；电子秤，精度 0.1kg，河北某试验仪器厂产；称量筒。

(2) 混凝土成型试验仪器：30L 混凝土搅拌机，坍落度测试仪，刮刀，混凝土试模。

(3) 混凝土工作性能和力学性能测试设备：混凝土坍落度筒；直尺；含气量测定仪；液压伺服压力机（2000kN），山东济南某试验机厂产；混凝土抗折试验机，天津某试验仪器厂产。

(4) 混凝土变形性能测试设备与仪器：混凝土收缩膨胀仪（SP-540）；混凝土弹性模量测试仪，天津某试验仪器厂产；百分表；约束圆环；静态电阻应变仪（ASM2-1）；电液伺服万能试验机等。

(5) 混凝土耐久性试验设备：混凝土抗渗仪（HS-4.0）；冻融循环试验机。

(6) 混凝土线膨胀系数试验仪器和设备：液压伺服压力机（2000kN），济南产；快速加热恒温水箱；温度计；计时器；千分表；应变测量装置。

(7) 混凝土抗剪试验设备与仪器：千斤顶；百分表。

(8) 混凝土温度与应力测试仪器：应力-应变计；温度传感器。

2.3 试验方法

（1）混凝土工作性能和含气量　按照《水工混凝土试验规程》（SL 352—2006）测试橡胶粉对混凝土的坍落度和含气量的影响。

（2）混凝土力学与耐久性能　按照《水工混凝土试验规程》（SL 352—2006）成型不同掺量的橡胶粉试件，标准养护至试验龄期，测试橡胶粉对混凝土抗压强度、抗折强度、抗冻融性和抗渗性能的影响。

（3）混凝土开裂试验

① 橡胶粉对混凝土塑性开裂的影响用圆环抗裂约束试验，测试橡胶粉对水泥净浆的开裂时间的影响。

② 橡胶粉对混凝土开裂应变的影响可在圆环抗裂约束的试件上粘贴应变计，通过应变仪测试砂浆的硬化应变。

（4）混凝土变形性能　按照《水工混凝土试验规程》（SL 352—2006）测试混凝土干燥收缩、极限拉伸变形，并测出抗拉弹性模量。

（5）混凝土断裂韧度　用三点弯梁法，测试橡胶粉对混凝土的双 K 断裂参数的影响。根据《水工混凝土试验规程》（SL 352—2006），用上海某公司产电液伺服万能试验机测试混凝土抗压强度。用 ASM2-1 型应变仪测试混凝土的变形，计算混凝土的弹性模量。断裂试验采用济南某集团生产的闭环万能试验机，加载速度为 0.001mm/s，接近预测最大载荷的二分之一时，加载速度减半。裂口张开位移用美国产 MTS632.02F-20 夹式引伸计测量，与位移计和压力传感器相连接的计算机自动记录和显示试验数据。根据《水工混凝土断裂试验规程》（DL/T 5332—2005）中三点弯曲梁法，计算混凝土的起裂韧度和失稳韧度。

（6）岩基约束建筑物应力分布　在岩基上浇筑不同尺寸的混凝土，试件尺寸分别为 ϕ4000mm×4000mm、ϕ3000mm×3000mm、ϕ2500mm×2500mm、ϕ2000mm×2000mm、ϕ1500mm×1500mm，并在距离岩基不同位置埋设应力-应变计，测试岩基约束混凝土的应力，计算最大应力。

（7）岩基约束废弃橡胶粉混凝土溢洪道温度应力试验　为研究废弃橡胶粉混凝土对温度应力的影响。溢洪道重建工程在整体结构、所用材料及施工方式与原工程有很大差别。首先沿垂直岩基面，分别浇筑废弃橡胶粉混凝土和普通混凝土，并在距离岩基 0.25m、0.60m、1.05m 处，埋设温度传感器和应力-应变计。

自浇筑混凝土开始，监测混凝土内应变和温度。同时，利用相同的原材料预留、成型混凝土，测试混凝土的弹性模量，用于计算溢洪道混凝土温度应力。

（8）基于应力吸收层的水闸闸墩温度应力试验　影响闸墩裂缝的因素较多，但最根本的仍是应力问题。因此，如何突破减小水闸闸墩温度应力，是控制水闸闸墩裂缝的技术瓶颈。水闸闸墩产生应力的大小与闸底板的约束程度有关，因此在闸底板与闸墩间连接处，设置一层应力吸收层，可减少闸底板对上部闸墩的约束，从而减小闸墩的温度应力。结合冶源水库溢洪闸工程特点和材料特性，选择废弃橡胶粉混凝土作为应力吸收层，设置厚度为30cm。同时在闸墩中心，埋设应力-应变计和温度传感器。自浇筑混凝土开始，实时监测混凝土内应变和温度。利用相同的原材料预留、成型混凝土，测试混凝土的弹性模量，用于计算闸墩混凝土的温度应力。

（9）岩基-废弃橡胶粉混凝土建筑物温控试验　在地表面下开挖ϕ4000mm×2000mm、ϕ2000mm×1000mm、ϕ1000mm×500mm的圆柱形坑槽各2个，在槽坑中心埋设温度传感器和应力-应变计，槽坑内布置冷却管，呈两层“S”形，冷却管采用ϕ160mm的PVC管，用水表记录冷却水用量。分别浇筑废弃橡胶粉混凝土和普通混凝土，待混凝土初凝后，用塑料膜覆盖，槽坑周围通18～22℃水养护。测试不同龄期混凝土构件的应变和温度。利用相同的原材料预留、成型混凝土，测试混凝土的弹性模量。根据$\sigma=E\varepsilon$，其中σ为温度应力，E为弹性模量，ε为应变，计算不同尺寸的混凝土构件内温度应力σ。确保相同尺寸的构件内温度应力σ基本相同，调节冷却水的流量，测试构件内温度，计算混凝土温差ΔT。

（10）混凝土线膨胀系数试验　按照《水工混凝土试验规程》（SL 352—2006）中混凝土线膨胀系数测试方法，首先测试相同强度等级不同掺量橡胶粉的混凝土线膨胀系数；然后采用相同的方法，测试不同强度等级相同掺量橡胶粉的混凝土线膨胀系数。

（11）岩基水工建筑物基底反力分布试验　在岩基上分别浇筑不同橡胶掺量的混凝土，试件尺寸为ϕ1000mm×1000mm，沿试件中心每隔0.05m埋设应力盒，养护28d后，固定法向荷载1600kN，测试岩基混凝土基底反力。

（12）岩基-废弃橡胶粉混凝土现场抗剪试验　为测试岩基-废弃橡胶粉混凝土之间的抗剪参数，根据《水利水电工程岩石试验规程》（SL/T 264—2020）的技术要求，需要在岩基现场制备混凝土试件，且每组试件需要至少5个。为研究橡胶粉对岩基-废弃橡胶粉混凝土抗剪性能的影响，在试验过程中，结合现场条件，分别在坝基岩石上浇筑了废弃橡胶粉混凝土试件。

待试件养护28d后，采用平推法测试混凝土与岩基的抗剪参数。在试验前，首先根据坝体的最大应力，计算并确定需要施加试件上的最大垂直压力，并设置多次施加压力的大小。然后，按照上述试验方案，逐级由小到大对岩基上的混凝土试件施加垂直压力。当垂直压力施加完毕且稳定后，保持垂直压力不变。按照上述方法，再对混凝土试件逐级施加水平方向的作用力，直至试件开始滑动。记录水平作用力下的水平位移，绘制不同垂直应力条件下的水平剪应力与剪切位移之间的关系曲线。重复上述试验方法，求得不同垂直压力下的抗剪强度。试验结束后，卸载，然后重新加载，采用相同的方法进行抗剪断和抗滑试验。其中，垂直压力采用千斤顶和堆积沙袋法，剪切应力采用千斤顶作用于坝体岩基的方法。

将试验结果进行线性回归，可得出不同橡胶掺量的混凝土与岩基之间的抗剪断摩擦系数和黏聚力、抗滑摩擦系数和黏聚力。分析上述试验结果，研究废弃橡胶粉混凝土与岩基的抗剪性能，优化确定废弃橡胶粉掺量。

(13) 渠道混凝土干缩试验　成型试件尺寸为100mm×100mm×515mm，脱模后，放入干缩箱内，用混凝土收缩膨胀仪测量混凝土干缩变形。

(14) 渠道混凝土徐变试验　成型三个尺寸为100mm×100mm×515mm徐变试件，在试件内部预埋振弦式应变传感器的方式来测量混凝土变形。在混凝土成型后14d进行加载，加载时的应力水平分别为$0.2f_c$和$0.4f_c$（f_c为混凝土抗压强度）。同时成型三个尺寸为150mm×150mm×150mm抗压试件。试验过程中，环境相对湿度为40%。

(15) 渠道混凝土抗冲磨试验　按照《水工混凝土试验规程》(SL 352—2006)的水下钢球法，进行混凝土抗冲耐磨试验，同时对混凝土强度进行了测试。

第3章

橡胶粉混凝土制备与性能

橡胶粉混凝土是将废弃橡胶粉作为一种集料掺入混凝土中，配制而成的一种新型混凝土。由于橡胶粉混凝土中掺入废弃橡胶粉，增加了混凝土组成成分，混凝土的内部结构发生变化，特别是橡胶粉与水泥浆之间形成了新的界面结构，对混凝土的性能产生了较大影响，主要表现为混凝土的强度降低。此外，由于橡胶粉密度小于混凝土中的其它组成成分，因此，在混凝土制备过程中，橡胶粉容易上浮，造成混凝土内部不均匀，影响橡胶粉混凝土性能发挥。橡胶粉混凝土强度降低及橡胶粉易上浮的问题，严重影响了橡胶粉混凝土在实际工程中的推广和应用。因此，如何突破上述两大技术瓶颈，是本章研究的关键和重点。

本章首先研究了橡胶粉粒径和级配对混凝土工作性能和强度影响，在此基础上，确定了橡胶粉粒径和级配；然后系统研究了橡胶粉掺量对混凝土工作性能、力学性能、变形性能和耐久性能影响，并对相关性能进行了机理表征；最后研究了橡胶粉混凝土的韧性。

3.1 确定橡胶粉粒径和级配

3.1.1 橡胶粉粒径对混凝土工作性能和强度的影响

研究橡胶粉在混凝土中应用，首先要优化橡胶粉粒径及级配对混凝土新拌合物和基本力学性能影响，确定橡胶粉粒径或级配，为进一步研究提供基础。试验选择橡胶粉粒径为 10～120 目，橡胶粉掺量为 20kg/m^3，以水工常用混凝土 C25F150W6 的要求设计配合比，为水泥∶砂∶碎石∶水∶外加剂＝325∶710∶1160∶155∶6.5，基准混凝土坍落度设计为 40～60mm。试验结果见表 3.1。

表 3.1 橡胶粉粒径对混凝土坍落度和抗压强度影响

试验编号	橡胶粉粒径/目	坍落度/mm	抗压强度/MPa
1	—	55	36.7
2	10	55	29.1
3	20	50	32.7
4	40	65	34.3

续表

试验编号	橡胶粉粒径/目	坍落度/mm	抗压强度/MPa
5	60	60	34.8
6	80	50	35.2
7	100	40	34.4
8	120	25	35.6

由表3.1可以看出，橡胶粉粒径为10～20目，混凝土坍落度与基准混凝土基本相同；橡胶粉粒径为40～60目，混凝土坍落度为60～65mm，大于基本混凝土；橡胶粉粒径大于80目，随着橡胶粉目数增大，坍落度减小，且小于基准混凝土。橡胶粉目数越大，混凝土强度稍稍增大；橡胶粉小于20目，混凝土强度降低明显。综合考虑混凝土强度和工作性能，橡胶粒径为40～60目时最佳。

3.1.2　橡胶粉级配对混凝土工作性能和强度影响

改变橡胶粉粒径40目和60目的比例，分别试验橡胶粉级配对混凝土坍落度和抗压强度的影响，试验结果见表3.2。

表3.2　橡胶粉级配对混凝土坍落度和抗压强度影响

试验编号	40目∶60目	坍落度/mm	抗压强度/MPa
1	10∶0	65	34.3
2	7∶3	65	34.6
3	6∶4	60	34.1
4	5∶5	70	34.7
5	4∶6	75	34.4
6	3∶7	65	33.8
7	2∶8	60	34.1
8	0∶10	60	34.8

由表3.2可以看出，橡胶粉级配对混凝土抗压强度影响较小，对混凝土坍落度影响较大，综合考虑混凝土强度和工作性能，橡胶粉粒径为40目和60目时，其质量比为4∶6时的级配最佳。

3.2 橡胶粉掺量对混凝土工作性能影响

3.2.1 橡胶粉掺量对塑性混凝土和大流态混凝土工作性能影响

混凝土拌合物工作性能是指水泥混凝土混合料在不发生离析、泌水的条件下，满足一系列施工工序（拌和、运输、浇灌、振捣）要求的性能。混凝土的工作性能关系着混凝土的施工及其性能的实现，因此，研究混凝土必须系统研究其工作性能。混凝土的工作性能主要由坍落度来表征。因此，本试验利用坍落度来衡量橡胶粉掺量对混凝土工作性能的影响。以水工常用混凝土 C25F150W6 的要求设计配合比，40 目橡胶粉：60 目橡胶粉＝4：6，分别研究橡胶粉掺量对塑性混凝土和大流态混凝土工作性能影响，试验结果见表 3.3 和表 3.4。

表 3.3 不同橡胶粉掺量对塑性混凝土坍落度的影响

试验编号	水泥/(kg/m³)	橡胶粉/(kg/m³)	水/(kg/m³)	砂/(kg/m³)	碎石/(kg/m³)	坍落度/mm	引气减水剂/(kg/m³)
1	325	0	155	710	1160	55	6.5
2	325	10	155	694	1160	70	6.5
3	325	20	155	678	1160	90	6.5
4	325	30	155	662	1160	85	6.5
5	325	50	155	630	1160	30	6.5

表 3.4 不同橡胶粉掺量对大流态混凝土坍落度的影响

试验编号	水泥/(kg/m³)	粉煤灰/(kg/m³)	橡胶粉/(kg/m³)	水/(kg/m³)	砂/(kg/m³)	碎石/(kg/m³)	坍落度/mm	引气减水剂/(kg/m³)
1	320	60	0	170	792	1008	220	10.8
2	320	60	10	170	776	1008	220（橡胶粉上浮）	10.8
3	320	60	20	170	760	1008	230（橡胶粉上浮）	10.8
4	320	60	30	170	744	1008	215（橡胶粉上浮）	10.8
5	320	60	50	170	712	1008	205（橡胶粉上浮）	10.8

由表 3.3 可见，对塑性混凝土而言，在同一水灰比混凝土配合比情况下，橡

胶粉等体积取代砂，随橡胶粉掺量增加，混凝土的坍落度先增大后减小。掺量小于 30kg/m³ 时，混凝土的坍落度大于基准混凝土，工作性能好。坍落度是表征混凝土和易性、工作性能的主要指标之一，它的大小主要由混凝土的屈服剪切应力决定。在混凝土中掺定量的橡胶粉后，由于橡胶粉表面亲水性差，与水泥石间附着力小，在橡胶粉等体积取代砂后，混凝土的屈服剪切应力减小，致使混凝土坍落度增大。但橡胶粉掺量大，由于橡胶粉比表面积大，表面能增加，屈服剪切应力增大，致使混凝土坍落度减小。

从表 3.4 可以看出，对大流态混凝土而言，橡胶粉掺入混凝土中，对坍落度影响较小，但橡胶粉由于密度小于水，易上浮在混凝土表面，造成硬化后混凝土内部结构不均匀，影响橡胶粉混凝土性能发挥。因此有必要解决橡胶粉在混凝土中易上浮的问题。

3.2.2 丙乳水泥浆包覆改性橡胶粉

如何增大橡胶粉的密度，是解决橡胶粉上浮的关键。采用正交试验，将不同比例的丙乳和水泥浆混合，改变水泥浆水灰比，掺入减水剂调节水泥浆流动性，配制丙乳水泥浆，将橡胶粉放入水泥浆中，过滤后养护硬化 12h 后，再将其放入水泥浆中，再次过滤，养护硬化，重复多次后，将丙乳水泥浆多层包覆橡胶粉后，测试改性后橡胶粉的表观密度。采用正交试验优化设计，$L_9(3^4)$ 试验设计见表 3.5，试验结果见表 3.6。

表 3.5　$L_9(3^4)$ 正交试验设计

A	B	C	D
丙乳比例/%	水泥浆水灰比	减水剂掺量/%	水泥浆包覆次数
10	0.5	1.0	2
20	0.6	1.5	5
30	0.7	2.0	8

表 3.6　$L_9(3^4)$ 正交试验结果与分析

试验号	因素				改性后橡胶粉的表观密度/(kg/m³)
	A	B	C	D	
1	1	1	1	1	927
2	1	2	2	2	1021
3	1	3	3	3	818
4	2	1	2	3	1433

续表

试验号	因素				改性后橡胶粉的表观密度/(kg/m³)
	A	B	C	D	
5	2	2	3	1	936
6	2	3	1	2	1132
7	3	1	3	2	1364
8	3	2	1	3	1637
9	3	3	2	1	968
K1	2766	3724	3696	2831	
K2	3501	3594	3422	3517	
K3	3969	2918	3118	3888	
K4	922	1241	1232	944	
K5	1167	1198	1141	1172	
K6	1323	973	1039	1296	
极差	401	268	193	352	
主次顺序	A>D>B>C				
最优组合	A_3、B_1、C_1、D_3				

从表3.5和表3.6可以看出，丙乳比例影响最大，其次为水泥浆包覆次数，减水剂掺量影响最小。最优组合为丙乳30%，水泥浆水灰比为0.5，减水剂掺量为水泥量的1%，包覆次数为8次。

3.3 橡胶粉混凝土强度

3.3.1 橡胶粉掺量对混凝土强度的影响

混凝土抗压强度是混凝土最基本的力学性能。掺加橡胶粉的混凝土含气量大，影响混凝土的强度。不同橡胶粉掺量对混凝土抗压强度影响的试验结果见图3.1，试件破坏形态见图3.2和图3.3。

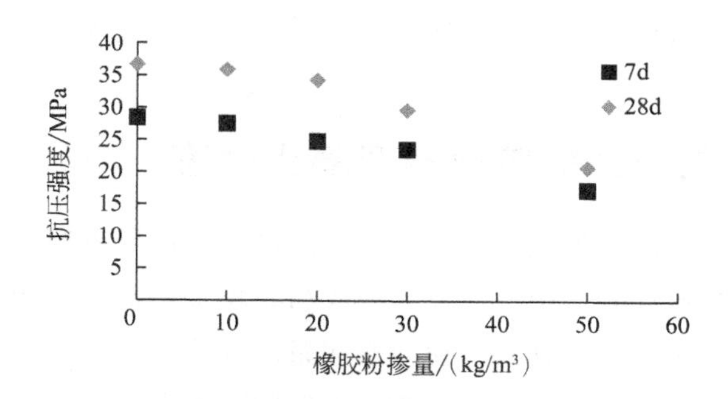

图 3.1　橡胶粉对混凝土抗压强度影响

图 3.2　普通混凝土破坏形态

图 3.3　橡胶粉混凝土破坏形态

图 3.1 表明，混凝土的抗压强度随着橡胶粉掺量的增加而下降，橡胶粉对混凝土 28d 龄期的强度影响大于 7d 龄期。这主要由于：一方面橡胶粉的强度和弹性模量均远小于周围的水泥浆体，在荷载作用下，橡胶粉的应力远小于周边水泥砂浆体，致使应力集中发生而导致破坏；另一方面，橡胶粉作为有机高分子材料，与水泥砂浆体黏结较弱，造成界面黏结强度较低，当混凝土受到外力时，界面首先破坏，致使混凝土强度降低。另外，橡胶粉掺量增加，混凝土含气量增大也是造成混凝土抗压强度降低的直接原因。

同时，由图 3.2 和图 3.3 试验中注意到，橡胶粉混凝土试件经受压破坏后仍能够保持其完整性，并未发生解体现象，表现出了与普通混凝土截然不同的破坏模式。试验时发现橡胶粉混凝土裂缝首先出现在试件边缘，且沿竖向发展，而当最终达到极限荷载时，形成许多竖向细小裂缝，而非普通混凝土的锥形破坏模式。因而可以将橡胶粉看作是分布在混凝土内的微小弹簧单元，破坏始自橡胶粉周边的水泥材料产生应力集中而受拉开裂，橡胶粉本身有很好的弹性变形特性，因此它阻碍了裂缝的进一步发展，使得试件受压破坏裂缝无法贯通，从而保持了试件的完整性。

3.3.2 水泥浆包覆橡胶粉后混凝土强度

橡胶粉掺入致使混凝土抗压强度下降，限制了橡胶粉混凝土在实际工程中的推广和应用。橡胶粉混凝土中掺入废弃橡胶粉，增加了混凝土组成成分，混凝土的内部结构发生变化，特别是橡胶粉与水泥浆之间形成了新的界面结构，对混凝土的抗压强度产生了较大影响。因此改善橡胶粉与水泥浆之间的界面结构，是解决该问题的关键。

将水泥浆包覆硬化后的橡胶粉与细骨料（砂）、粗骨料（碎石）在搅拌机内搅拌，将其混合均匀，制备混凝土。试验所用配合比见表3.7，分别采用普通成型法和水泥浆包裹橡胶集料的方法，分别成型20组试件，标准养护至7d和28d，测试混凝土的平均抗压强度。试验结果见表3.8。

表3.7 混凝土配合比

试验编号	水泥/(kg/m^3)	橡胶集料/(kg/m^3)	水/(kg/m^3)	砂/(kg/m^3)	碎石/(kg/m^3)	引气减水剂/(kg/m^3)	坍落度/mm	成型方法
1	325	0	155	710	1160	6.5	55	普通成型法
2	325	10	155	660	1160	6.5	70	普通成型法
3	325	20	155	610	1160	6.5	90	普通成型法
4	325	30	155	560	1160	6.5	70	普通成型法
5	325	10	155	660	1160	6.5	60	水泥包裹法
6	325	20	155	610	1160	6.5	80	水泥包裹法
7	325	30	155	560	1160	6.5	70	水泥包裹法

注：1号试验为基准混凝土。

表3.8 橡胶集料混凝土抗压强度

试验编号	抗压强度/MPa	
	7d	28d
1	28.4	36.7
2	25.5	34.6
3	21.8	31.3

续表

试验编号	抗压强度/MPa	
	7d	28d
4	17.6	24.7
5	27.3	35.6
6	26.6	34.3
7	24.9	33.7

结合表 3.7 和表 3.8 可以看出，采用普通成型法配制混凝土，随橡胶集料掺量的增加，混凝土 7d 和 28d 的抗压强度均降低。橡胶集料掺量 30kg/m^3，混凝土 7d 和 28d 抗压强度分别约为基准混凝土的 62%和 67%。采用水泥浆包裹橡胶集料的方法配制混凝土，随橡胶集料掺量的增加，与基准混凝土相比较，混凝土 7d 和 28d 的抗压强度虽有所降低，但降低的幅度较小。与普通成型混凝土相比较，采用水泥浆包裹橡胶集料的方法，混凝土的强度均增加。橡胶集料掺量 30kg/m^3，混凝土 7d 和 28d 的抗压强度分别为采用普通成型法配制混凝土的 141%和 136%。采用普通成型法配制的混凝土抗压强度，随橡胶集料掺量的增加，混凝土抗压强度降低明显；而采用水泥浆包裹橡胶法成型配制的混凝土，随橡胶集料掺量的增加，混凝土抗压强度变化较小。

3.3.3　橡胶集料混凝土界面过渡区结构表征

界面过渡区是混凝土最薄弱的环节，决定着混凝土的一切性能。采用水泥浆包裹橡胶集料配制的混凝土不同于普通成型混凝土，因此界面过渡区微观结构将有所不同。分别采用 SEM、EDXA 和显微硬度对不同成型法配制的混凝土界面过渡区进行结构表征。

3.3.3.1　试样制备与试验方法

分别用普通成型法和水泥浆包裹橡胶集料的方法，制备水灰比为 0.5 的水泥砂浆并与粗骨料混合，成型 100mm×100mm×100mm 试件，24h 后脱模，标准养护至试验龄期。在试件中部截取加工成约 1cm^3 试样。采用数字式 MC010-HV-1000 显微硬度计，测试分析碎石与水泥石之间界面过渡区的显微硬度和厚度。采用 JSM-6390/LV 型扫描电镜（SEM），观察骨料与水泥石之间界面过渡区内水化产物的微观形貌，并采用与该仪器配套的美国 EDXA 公司产的 X 射线能谱仪（EDXA），进行微区元素的定量分析。

3.3.3.2 试验结果与分析

(1) 界面过渡区形貌分析　采用 SEM，对 28d 水泥包裹橡胶集料成型的橡胶粉混凝土和普通成型的混凝土粗集料-水泥石界面过渡区微观形貌进行观察，并对典型微区放大至 500 倍，结果见图 3.4 和图 3.5。

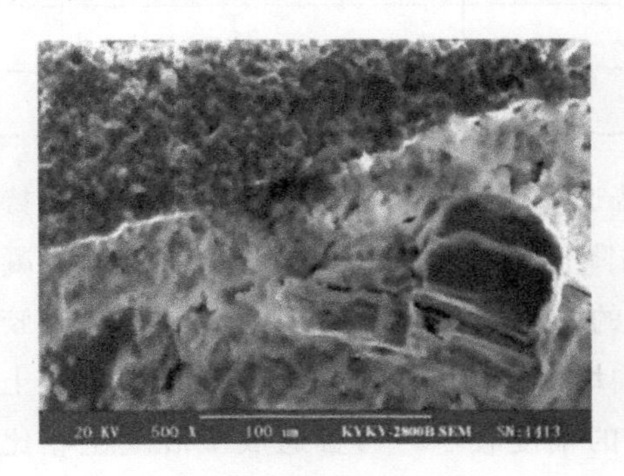

图 3.4　普通成型混凝土界面区形貌

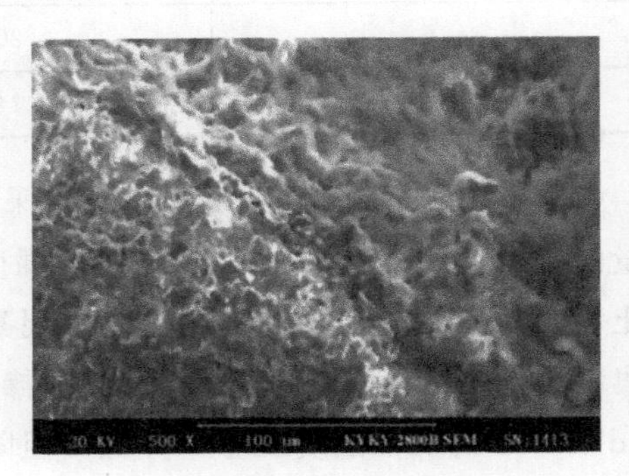

图 3.5　水泥包裹成型混凝土界面区形貌

观察图 3.4 中 SEM，普通成型混凝土中粗骨料-水泥石界面清晰可见，界面区结构比较疏松，可看到明显的裂缝存在，并发现大量的 $Ca(OH)_2$ 完整晶体定向排列，富集在界面区。由图 3.5 可见，水泥包裹橡胶集料成型的混凝土界面清晰度相对较小，没有发现完整的水化产物 $Ca(OH)_2$，水化硅酸钙呈网络状均匀分布，结构紧密，与粗骨料的黏结较好。

(2) 界面过渡区钙硅比分析　28d 龄期，沿界面不同位置分别用 EDXA 进行元素分析，计算 Ca/Si，结果见图 3.6。其中，横坐标轴 0 点表示粗骨料-水泥石结合界面，负轴方向为沿粗骨料内部方向，正轴为从界面指向水泥石内部方向。

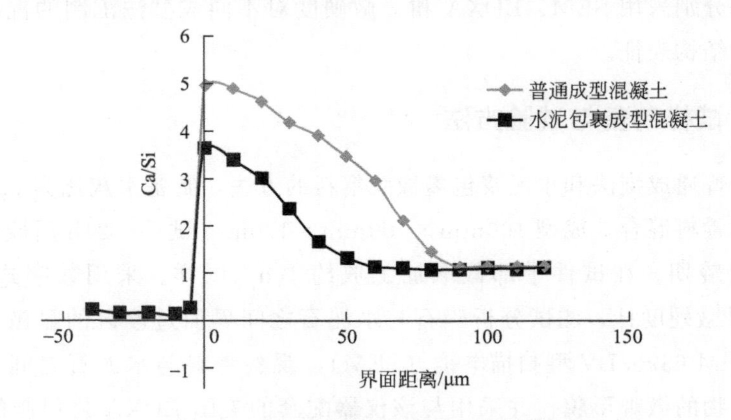

图 3.6　界面不同位置钙硅比元素分析

以骨料至水泥方向上 Ca/Si 突然变化作为判断界面起点，分析 Ca/Si 波动变化和趋于稳定所经历的区间长度，以此推断界面过渡区结构和厚度。Ca/Si 大于 4.0，说明水泥水化产物主要是 $Ca(OH)_2$ 晶体或 $Ca(OH)_2$ 与 AFm 在小范围的混合交织物。Ca/Si 减小，C—S—H 含量增加，$Ca(OH)_2$ 含量降低。Ca/Si 在 1.13 左右，主要成分为 C—S—H 凝胶物。

由图 3.6 可见，粗骨料-普通成型的混凝土界面过渡区的 Ca/Si 变化较大。从0～40μm 区间内，Ca/Si 大于 4.0，说明水泥水化产物主要是 $Ca(OH)_2$ 晶体或 $Ca(OH)_2$ 与 AFm 的混合物。在距界面 85μm 处，Ca/Si 趋于稳定，约为 1.13，主要产物为 C—S—H。由此可以推断界面过渡区厚度为 85μm。粗骨料-水泥包裹橡胶集料法成型的混凝土界面过渡区在 0～60μm 范围内，Ca/Si 小于 3.7，且距离界面越远，Ca/Si 逐渐减少，直至 60μm 处，Ca/Si 趋于稳定，说明界面过渡区厚度为 60μm。从图 3.6 还可以看出，在距离粗骨料界面相同区间内，采用水泥包裹橡胶集料法成型的混凝土中 Ca/Si 均小于普通成型的混凝土。这表明采用水泥包裹橡胶集料法成型的混凝土中，$Ca(OH)_2$ 晶体含量低于普通成型的混凝土，界面过渡区小，增强了凝胶物与粗骨料间的黏结强度，提高了混凝土抗压强度。

(3) 界面过渡区显微硬度　28d 龄期，用显微硬度计测试混凝土界面强度，试验结果见图 3.7。其中横坐标为距离，起始点为碎粗骨料表面。

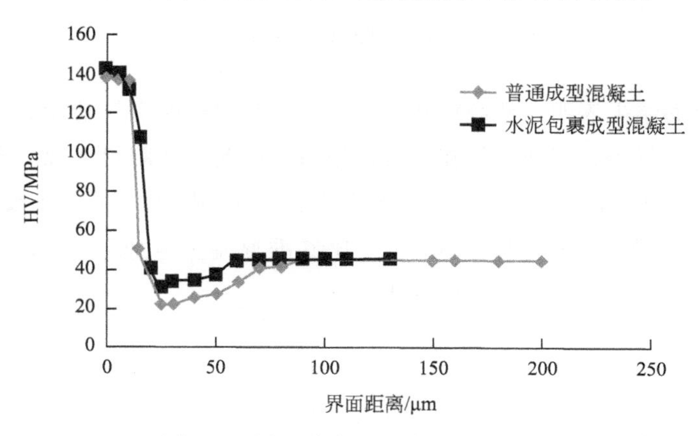

图 3.7　界面过渡区显微硬度和厚度

从图 3.7 可以看出，粗骨料-普通成型的混凝土基体界面的过渡区为 85μm 左右，过渡区中的最小硬度为 22.4MPa；粗骨料-水泥包裹橡胶集料法成型的混凝土界面的过渡区为 60μm 左右，过渡区中的最小硬度为 31.3MPa，相对于粗骨料-普通成型的混凝土基体过渡区测得的最低硬度大 8.9MPa，过渡区范围小

25μm。因此，水泥包裹橡胶集料法成型的混凝土基体与粗骨料界面结合强，抗压强度提高。这与前面的Ca/Si分析结果一致。

3.4 橡胶粉混凝土含气量

混凝土含气量关系着混凝土的抗压强度和抗冻性等耐久性能。混凝土含气量大，强度降低；含气量小，混凝土的抗冻性降低。因此，合理的含气量对水工混凝土具有重要的意义。橡胶粉对混凝土含气量影响的试验结果见图3.8。

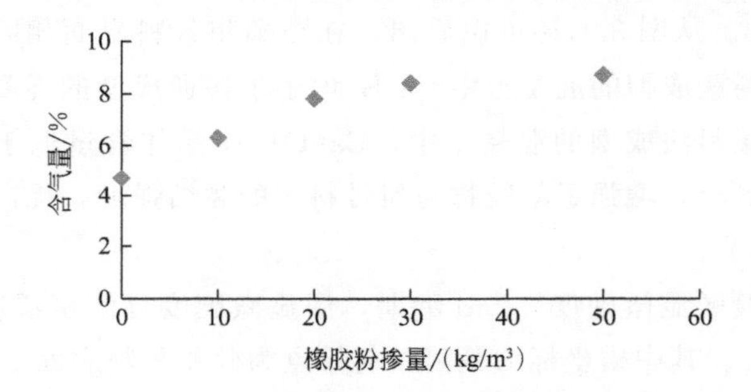

图3.8　橡胶粉对混凝土含气量影响

图3.8试验结果表明，橡胶粉在混凝土中具有明显的引气功能。由于橡胶粒是憎水性高分子材料，气泡容易在其表面吸附，因此，橡胶粉在混凝土中具有引气功能，橡胶粉加入混凝土中，混凝土的含气量显著增加。橡胶粉掺量为30kg/m^{3}时，混凝土的含气量为8.4%，比基准混凝土增加了3.7%。橡胶粉掺量增加，混凝土含气量增加的幅度减小。

3.5 橡胶粉混凝土抗冻性

混凝土抗冻性是水工混凝土重要的技术要求，因此，对橡胶粉混凝土而言，必须研究其抗冻性。不同橡胶粉掺量对混凝土抗冻性影响的试验结果见表3.9。

表 3.9　橡胶粉混凝土抗冻性

试验编号	水泥/(kg/m³)	橡胶粉/(kg/m³)	水/(kg/m³)	砂/(kg/m³)	碎石/(kg/m³)	抗冻等级	相对弹性模量/%
1	325	0	155	710	1160	F150	76.3
2	325	0	155	710	1160	F200	43.4
3	325	10	155	660	1160	F200	80.7
4	325	10	155	660	1160	F250	64.2
5	325	20	155	610	1160	F250	84.3
6	325	30	155	560	1160	F250	69.0
7	325	50	155	460	1160	F100	70.7

表 3.9 说明，与普通混凝土比较，橡胶粉可提高混凝土的抗冻性。橡胶粉掺量小于 20kg/m³，混凝土的抗冻等级和相对弹性模量均大于普通混凝土，抗冻性能显著提高。混凝土冻融 250 次后，橡胶粉掺量为 30kg/m³ 的橡胶粉混凝土相对弹性模量小于掺量为 20kg/m³ 的橡胶粉混凝土，混凝土的抗冻性能变差。橡胶粉掺量继续增加，混凝土抗冻性能急剧变差。掺量为 50kg/m³ 的橡胶粉混凝土抗冻等级仅为 F100。

含气量是影响混凝土抗冻性的关键因素。加入橡胶粉后，混凝土的含气量均有不同程度的增加。因此，橡胶粉引气是混凝土抗冻性得到改善的重要原因。同时，具有弹性的橡胶粉在混凝土内部又为水结成冰时的体积膨胀提供了空间，在冻融循环的作用下，橡胶粉被反复的压缩和弹性恢复，削弱了膨胀产生的应力，使混凝土的抗冻性大幅度提高。橡胶粉掺量过大，混凝土强度降低，不能抵御膨胀产生的应力。因此，在冻融过程中内部劣化的速度稍快于普通混凝土。

3.6 橡胶粉混凝土抗渗性

混凝土的抗渗性是影响混凝土耐久性的最主要的因素之一。抗渗性的大小不仅表征了混凝土耐水流穿过的能力，而且对混凝土的抗碳化、抗冻性、抗氯离子穿透的能力也有重要的影响。混凝土的渗透性高低影响液体（或气体）渗入的速度，而有害的液体或气体渗入混凝土内部后，将与混凝土组分发生一系列物理、化学作用而造成危害。此外，当混凝土遭受反复冻融的环境作用时，还会引起混凝土的冻融破坏。水还是碱—骨料反应的众多条件之一。因此抗渗性是提高和保证混凝土耐久性必须要考虑和控制的。正是基于上述情况，研究橡胶粉混凝土的抗渗性十分必要。

普通混凝土与橡胶粉混凝土抗渗性所用配合比见表 3.10。

表 3.10 混凝土抗渗性配合比

试验编号	水泥/(kg/m³)	橡胶粉/(kg/m³)	水/(kg/m³)	砂/(kg/m³)	碎石/(kg/m³)
1	325	0	155	710	1160
2	325	20	155	610	1160

将普通混凝土和橡胶粉混凝土试件从 0.1MPa 开始加压，每 8h 水压升高 0.1MPa，加至 1.0MPa，每组中四个试件表面都未出现渗水现象，其抗渗等级均达到 W10。分别将四个试件从中间劈开，劈开后的试件见图 3.9 和图 3.10，测量的渗透高度见表 3.11。

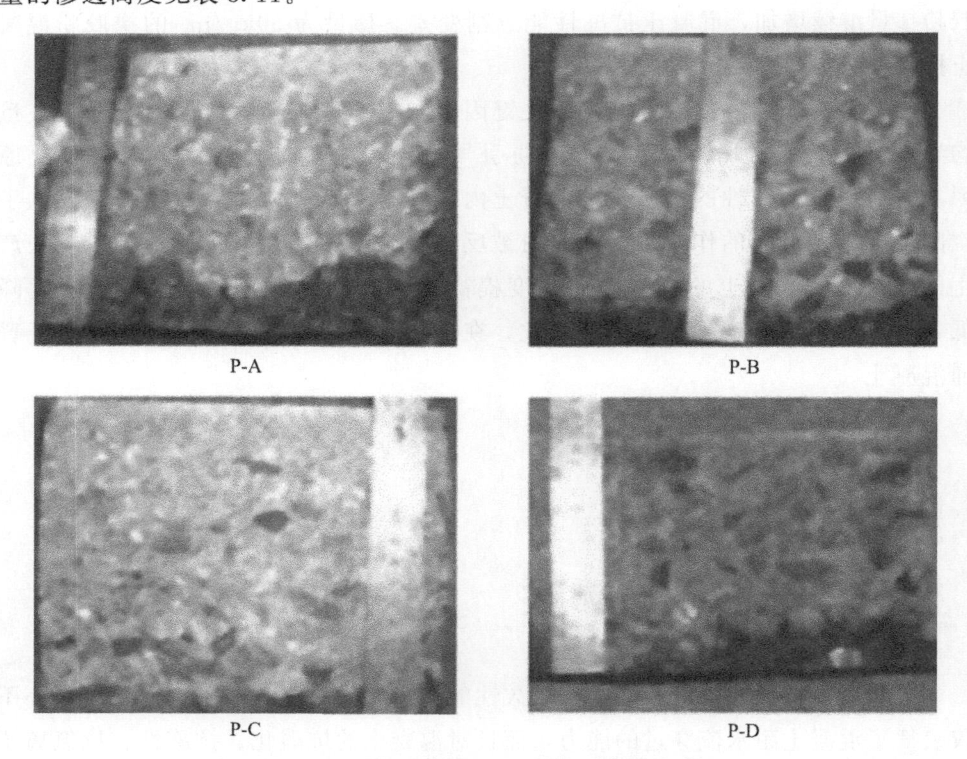

P-A　P-B　P-C　P-D

图 3.9 普通混凝土试件劈开后渗透高度

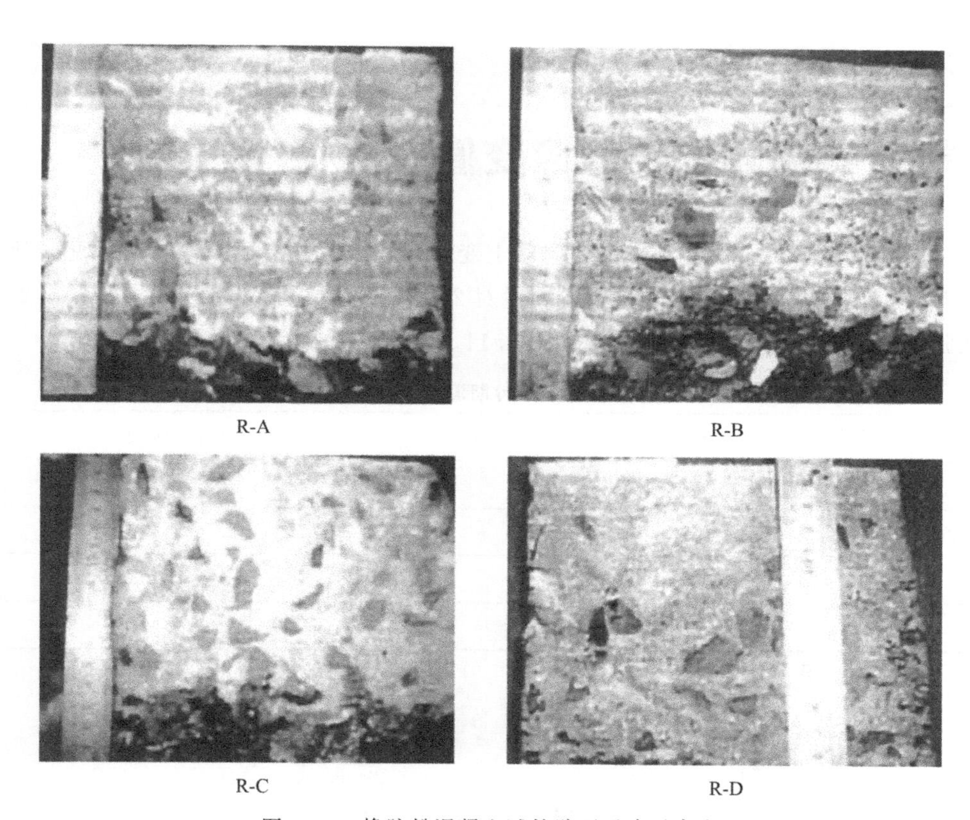

图 3.10　橡胶粉混凝土试件劈开后渗透高度

表 3.11　普通混凝土试件劈开后渗透高度

试件编号	最高渗透高度/mm	最低渗透高度/mm	平均渗透高度/mm
P-A	65	25	45
P-B	40	20	30
P-C	20	14	17
P-D	35	15	25
R-A	33	27	30
R-B	69	23	46
R-C	55	25	40
R-D	33	7	20

从表 3.11 可以看出，橡胶粉掺入混凝土中，混凝土的抗渗性并没有很大改变。改变不同橡胶粉掺量，混凝土的抗渗性是否改变，有待进一步研究。

3.7 橡胶粉混凝土拉伸应变值

混凝土极限拉应变是用来表征混凝土变形性能的重要指标。试验所用配合比参考表3.3中1～4号，不同橡胶粉掺量对28d龄期混凝土极限拉应变见表3.12，试验过程中试件的应力-应变曲线见图3.11。

表3.12 不同橡胶粉掺量对28d龄期混凝土极限拉应变影响试验结果

试验编号	橡胶粉掺量/(kg/m³)	峰值应变/×10⁻⁶	极限拉伸应变/×10⁻⁶
1	0	88	103
2	10	164	306
3	20	176	463
4	30	236	401

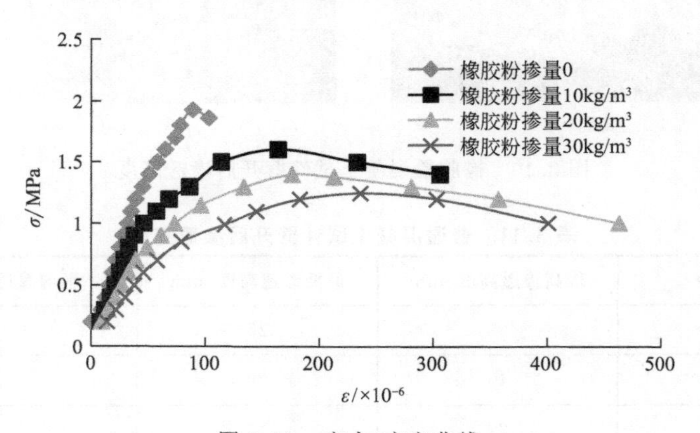

图3.11 应力-应变曲线

从表3.12可知，当橡胶粉掺量为10kg/m³、20kg/m³和30kg/m³时，试件破坏时的极限拉应变为306×10^{-6}、463×10^{-6}和401×10^{-6}，分别为普通混凝土试件103×10^{-6}的2.97倍、4.50倍和3.89倍。表明橡胶粉的掺入使混凝土的极限变形能力显著提高。但橡胶粉混凝土的变形能力并不随着橡胶粉掺量的增加而增加，而是存在一个合理值，超过该值后混凝土的极限拉应变会减小。这可能是由橡胶粉掺量增加，混凝土界面过渡区橡胶粉含量相应增大，影响界面过渡区黏结强度所引起的。

从图 3.11 还可看出，普通混凝土的应力-应变曲线与橡胶粉混凝土存在明显差别，前者具有明显的脆性破坏特征，加载过程中曲线均近乎为直线，变形很小，且破坏时突然断裂。而后者则表现出明显的延性破坏特征，加载过程中产生显著的塑性变形，较基准试件增大 3～4 倍，到达破坏荷载后并不会立即断裂，而是在经过较大的塑性变形后破坏，说明橡胶粉混凝土比普通水泥混凝土具有大得多的适应变形的能力。

由于橡胶粉混凝土的强度低于普通混凝土，峰值应力和抗拉强度均小于普通混凝土，但橡胶粉混凝土的峰值应变均大于普通混凝土。掺量为 $10kg/m^3$、$20kg/m^3$ 和 $30kg/m^3$ 的橡胶粉混凝土的峰值应变分别是普通混凝土的 1.86 倍、2.00 倍和 2.68 倍。

橡胶粉混凝土试件在拉伸过程中，橡胶粉不仅像众多小弹簧那样承受部分荷载，而且还会阻止微裂缝的扩展，延缓新裂缝的出现，从而提高变形能力，并表现出显著的延性破坏特征。

3.8 橡胶粉混凝土抗拉弹性模量

结合极限拉伸试验的试验数据，根据公式 $E=\sigma_{0.5}/\varepsilon_{0.5}$，计算混凝土的弹性模量。不同橡胶粉掺量测得的 28d 龄期混凝土的弹性模量见表 3.13。

表 3.13　不同橡胶粉掺量对 28d 龄期混凝土弹性模量影响试验结果

试验编号	橡胶粉掺量/(kg/m^3)	$\sigma_{0.5}$ 应力时应变 $\varepsilon_{0.5}/\times10^{-6}$	$\sigma_{0.5}$ 峰值应力/MPa	E/GPa
1	0	32	1.05	32.8
2	10	33	0.80	24.2
3	20	39	0.70	17.9
4	30	46	0.65	14.1

由表 3.13 可知，随着掺入橡胶粉含量的增加，混凝土的抗拉弹性模量变小。当橡胶粉掺量为 20～$30kg/m^3$ 时，混凝土的弹性模量几乎是普通混凝土的 1/2。橡胶粉掺量为 20～$30kg/m^3$ 时，混凝土的弹性模量随着橡胶粉掺量的增加其变化速率趋于平缓，变化较小。

3.9 橡胶粉混凝土塑性开裂时间

圆环抗裂约束试验是进行不同胶凝材料或复合胶凝材料硬化过程中的抗裂敏感性对比分析的常用方法。参照美国道路工程协会 AASHTO 的标准，自制圆环抗裂试模由钢质内模、底板、外模和盖板等组成。钢质内模的外径为 110mm，外模内径 400mm。试件成型后在室内静置，然后将试件连同内模和底板置于温度为（40±2)℃、相对湿度 40%～50%的环境中观测裂缝开裂时间。

在水灰比为 0.3，水泥与橡胶粉的质量比分别为 30：0、30：1、30：2、30：3 的水泥净浆中（萘系减水剂掺量为水泥用量 0.5%），成型圆环试件，记录裂缝的开裂时间、裂缝长度、宽度和裂缝数量，其中开裂时间是试件成型完毕至第一条裂缝出现的时间，试验结果见表 3.14。

表 3.14　不同橡胶粉水泥净浆圆环试件开裂试验结果

试验编号	水泥与橡胶粉的质量比	开裂时间 /min	裂缝总长度 /mm	裂缝最大宽度 /mm	裂缝数量 /条
1	30：0	60	322	1.30	4
2	30：1	120	520	0.68	6
3	30：2	210	305	0.96	3
4	30：3	300	245	0.51	3

从表 3.14 中可以看出，在水泥净浆中掺入橡胶粉后，试件的开裂时间有所延迟，裂缝宽度有所减小。开裂延迟时间随橡胶粉掺量的增加而增加。当水泥与橡胶粉的质量比的比值大于 30：2 时，二者之间存在近乎正比的直线关系；超过 30：2 后，开裂时间的延迟效果显著增强。当水泥与橡胶粉的质量比的比值小于 30：2 时，裂缝总长度和裂缝数量均有减少的趋势。

在水泥净浆中掺入橡胶粉之所以能推迟开裂时间，提高抗裂性能和适应变形能力，与橡胶粉本身的物理特性密切相关。橡胶粉表面粗糙，不透水且富有弹性，能在试件内部形成分布较为均匀的可伸缩粉群，显著降低试件的弹性模量，提高变形能力。在试件因水化和干燥产生收缩变形时，橡胶粉能够吸收部分收缩能量，阻断渗水通道，减小水分干燥蒸发速率，从而使收缩应力减小，开裂时间推迟。

3.10 橡胶粉混凝土约束试件开裂应变

为研究橡胶粉对混凝土开裂的影响，本节以砂浆代替混凝土，所用砂浆配合比见表 3.15。试模的外环除去后，早期砂浆径向外层开始干燥，产生的收缩受内钢环的约束。内钢环的压缩采用应变计测量，测试结果见图 3.12。

表 3.15　砂浆配合比

砂浆类型	水泥/(kg/m^3)	橡胶粉/(kg/m^3)	砂/(kg/m^3)	水/(kg/m^3)	稠度/mm
普通砂浆	330	0	1320	250	40
橡胶粉砂浆	330	20	1220	250	70

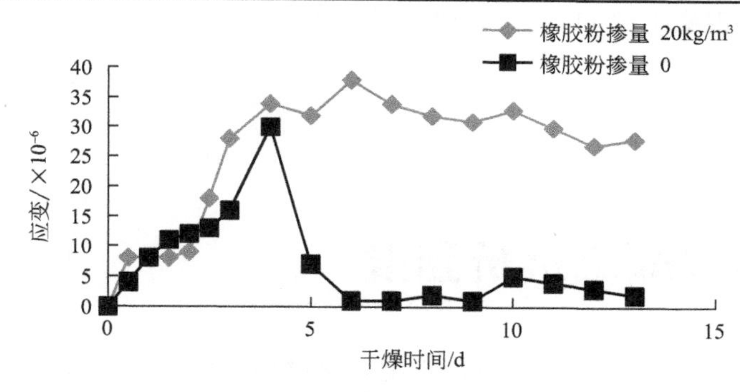

图 3.12　约束试件开裂应变

从图 3.12 可以看出，普通砂浆在钢环的压缩下的应变增加至第 4 天，随后砂浆抗拉强度在局部形成并出现第一个裂纹，施加的应变快速减小，在第 6 天几乎接近于 0。橡胶粉砂浆的表现完全不同，施加在钢环上的应变增加到较高的值并在干燥约 6d 后达到最大值，随后应变缓慢减小。大约在普通砂浆出现裂纹的同时，橡胶粉开始表现硬化应变。在这个状态形成数条微开裂裂缝，但未发生定点开裂。

3.11 橡胶粉混凝土泊松比

混凝土泊松比是用来表征水工混凝土结构的重要技术指标，是混凝土抗裂性的关键技术参数。试验所用配合比参考表 3.3 中 1～4 号，不同橡胶粉掺量对 28d 龄期混凝土泊松比的影响见表 3.16。

表 3.16　28d 龄期橡胶粉混凝土泊松比

试验编号	橡胶粉掺量/(kg/m³)	泊松比
1	0	0.19
2	10	0.21
3	20	0.23
4	30	0.26

从表 3.16 可以看出，橡胶粉掺量大，混凝土的泊松比增大，混凝土的抗裂性提高。橡胶粉掺量分别为 10kg/m³、20kg/m³、30kg/m³ 时，橡胶粉混凝土的泊松比是基准混凝土的 110.5%、121.1%、136.8%。

3.12 橡胶粉混凝土抗折强度

按照表 3.7 中 1 和 5～7 的混凝土配合比成型试件，分别养护 7d 和 28d，测试混凝土的抗折强度，试验结果见表 3.17。

表 3.17　橡胶集料混凝土抗折强度

试验编号	抗折强度/MPa	
	7d	28d
1	3.12	3.24
5	3.16	3.27
6	3.17	3.39
7	2.67	3.26

从表 3.17 可以看出，掺加橡胶粉后，7d 龄期混凝土抗折强度没有明显提高，橡胶粉掺量为 30kg/m³，混凝土的抗折强度为 2.67MPa，为基准混凝土的 86%；28d 龄期混凝土抗折强度稍优于基准混凝土，橡胶粉掺量为 20kg/m³，混凝土的抗折强度为 3.39MPa，为基准混凝土的 105%。

3.13 橡胶粉混凝土折压比

结合表 3.8 和表 3.17，计算橡胶粉混凝土折压比，结果见表 3.18。

表 3.18　橡胶粉混凝土折压比

试验编号	折压比	
	7d	28d
1	0.110	0.088
5	0.116	0.092
6	0.119	0.099
7	0.107	0.097

从表 3.18 可以看出，掺入橡胶粉后，28d 龄期混凝土的折压比提高，混凝土延性和韧性增大。橡胶粉掺量为 20kg/m^3，折压比最大，是基准混凝土的 112.5%。

3.14 橡胶粉混凝土弹强比

3.14.1　橡胶掺量对相同强度等级混凝土弹强比的影响

混凝土弹强比是表征混凝土变形的关键参数。研究橡胶粉掺量对混凝土弹强比影响，所用配合比见表 3.19。根据表 3.19，拌和 C30 混凝土，成型，标准养护 28d 后，测试不同橡胶掺量下的混凝土抗压强度和弹性模量，计算混凝土弹强比，结果见图 3.13。

表 3.19　混凝土配合比　　单位：kg/m^3

强度等级	水泥	矿粉	粉煤灰	碎石		砂	水	外加剂	橡胶粉
				5～20mm	16～31.5mm				
C20	140	80	80	280	730	920	110	5.1	0
	140	80	80	280	730	880	110	5.0	10.0

续表

强度等级	水泥	矿粉	粉煤灰	碎石		砂	水	外加剂	橡胶粉
				5～20mm	16～31.5mm				
C25	170	80	80	290	730	910	110	6.2	0
	170	80	80	290	730	870	110	6.0	10.0
C30	220	80	40	300	750	860	125	5.1	0
	220	80	40	300	750	850	125	5.1	2.5
	220	80	40	300	750	840	125	5.3	5.0
	220	80	40	300	750	830	125	5.5	7.5
	220	80	40	300	750	820	125	6.0	10
	220	80	40	300	750	810	125	6.4	15
	220	80	40	300	750	780	125	7.0	20
	220	80	40	300	750	740	125	7.8	30
	220	80	40	300	750	700	125	8.1	40
C40	270	90	40	310	750	820	110	8.5	0
	270	90	40	310	750	780	110	8.0	10
C50	350	110	30	300	750	780	115	12	0
	350	110	30	300	750	740	115	12	10

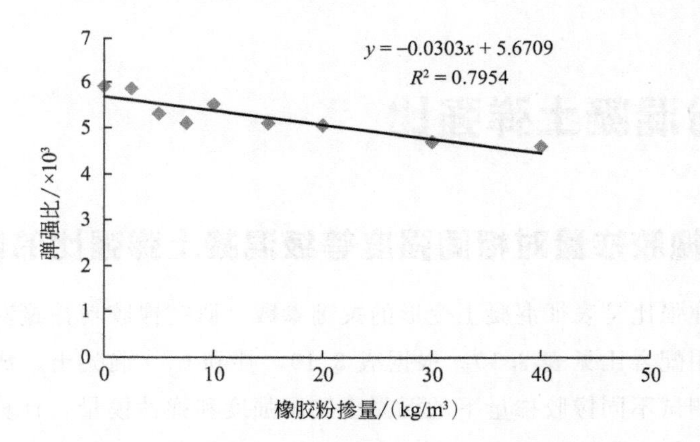

图 3.13 橡胶粉混凝土弹强比与橡胶掺量的关系

从图 3.13 可以看出，在混凝土中掺入橡胶粉量越大，相同强度等级的混凝土（C30）弹强比将降低。橡胶粉掺量越大，弹强比降低越大。在橡胶粉掺量小于 40kg/m³ 范围内，橡胶粉混凝土的弹强比与橡胶掺量具有较好的线性关系，为 $y=(-0.0303x+5.6709)\times1000$，其中 y 为弹强比，x 为橡胶粉掺量。

3.14.2　橡胶粉对不同强度等级混凝土的弹强比影响

根据表 3.19，拌和不同强度等级的混凝土，成型，标准养护 28d 后，测试橡胶粉掺量为 10kg/m³ 时不同强度等级混凝土抗压强度和弹性模量，计算混凝土弹强比，结果见图 3.14。

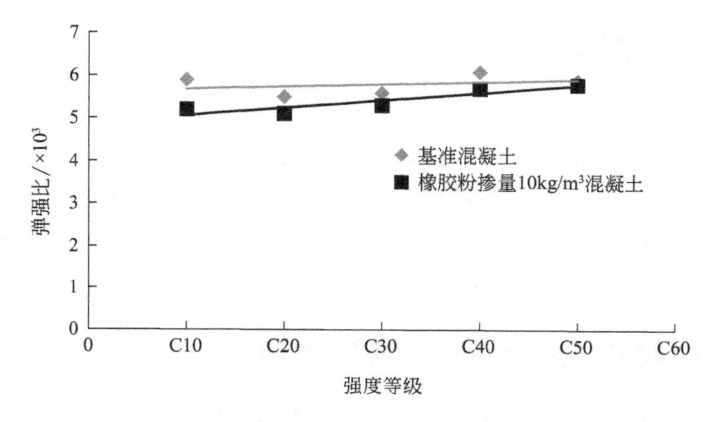

图 3.14　橡胶粉混凝土弹强比与强度等级关系

从图 3.14 可以看出，在 C10～C50 混凝土中，掺入 10kg/m³ 橡胶粉，橡胶粉混凝土的弹强比均低于相应的基准混凝土。基准混凝土强度等级越高，混凝土弹强比越大，混凝土脆性越大。橡胶粉掺量为 10kg/m³ 时，橡胶粉混凝土强度等级越高，混凝土弹强比也相应增大。强度等级越高，与基准混凝土的弹强比差距越小；相反，强度等级越低，弹强比与基准混凝土差距越明显。

3.15 橡胶粉混凝土断裂韧度

断裂韧度是描述材料对裂纹扩展阻力大小的参数。该参数是通过试验（如三点弯曲梁试验、紧凑拉伸试验和楔入劈拉试验）所得到的最大荷载 P_{max} 和 K_{IC} 的计算公式得到的。它们的大小标志着材料裂纹扩展的难易程度，对分析混凝土结构的性能有重要指导意义。特别是混凝土出现裂缝后，压力作用下的裂缝扩展与稳定性是工程界极为关注的问题。橡胶粉混凝土与普通混凝土的韧性不同，则混凝土断裂性能将有所不同，因此，对橡胶粉混凝土的断裂性能进行深入研究显得十分必要。采用三点弯曲梁试验，比较橡胶粉混凝土与普通混凝土断裂参数，对工程研究裂缝在混凝土中的产生和扩展的原因以及寻求抑制裂缝发展对策提供重要参考依据，对工程的设计、施工、安全性和耐久性的预测和评价具有重要意义。

3.15.1 试件制备

试验采用三点弯梁试件，试件尺寸 $L \times H \times B = 1000\text{mm} \times 200\text{mm} \times 120\text{mm}$，跨度 $S=800\text{mm}$，跨高比 $S/H=4$，初始裂缝长 $a_0=80\text{mm}$，初始缝高比 $a_0/H=0.4$。试件采用木模浇注成型，采用3mm钢板预制裂缝，钢板两侧涂凡士林以便将钢板取出，在混凝土初凝前取出钢板，24h后脱模，塑料覆盖，洒水室温养护28d进行试验。分别制备橡胶粉混凝土和普通混凝土试件各5个。

3.15.2 橡胶粉混凝土双K断裂测试

采用三点弯曲梁法，测试橡胶粉对混凝土断裂韧度影响，试验所用配合比见表3.3中1和3。

测试28d龄期橡胶粉混凝土和普通混凝土试件的最大荷载 P_{max} 和临界裂缝张口位移CMOD，见表3.20。其中RCC代表橡胶粉混凝土试件，PCC代表普通混凝土试件。橡胶粉混凝土和普通混凝土试件的 P-CMOD关系曲线见图3.15～图3.24。

表3.20 28d龄期橡胶粉混凝土与普通混凝土最大荷载 P_{max} 和临界裂缝张口位移CMOD试验结果

试验编号	L/mm	B/mm	D/mm	S/mm	a_0/mm	P_{max}/kN	CMOD/μm
RCC-1	1000	120	200	800	79.0	8.667	89
RCC-2	1000	120	201	800	80.5	8.347	91
RCC-3	1000	120	202	800	81.0	9.316	94
RCC-4	1000	120	200	800	79.0	7.873	89
RCC-5	1000	120	200	800	80.0	9.862	98
PCC-1	1000	120	200	800	81.0	6.707	74
PCC-2	1000	120	200	800	80.0	6.872	77

续表

试验编号	L/mm	B/mm	D/mm	S/mm	a_0/mm	P_{max}/kN	CMOD/μm
PCC-3	1000	120	199	800	80.5	6.514	71
PCC-4	1000	120	202	800	81.5	6.171	75
PCC-5	1000	120	201	800	78.5	7.133	73

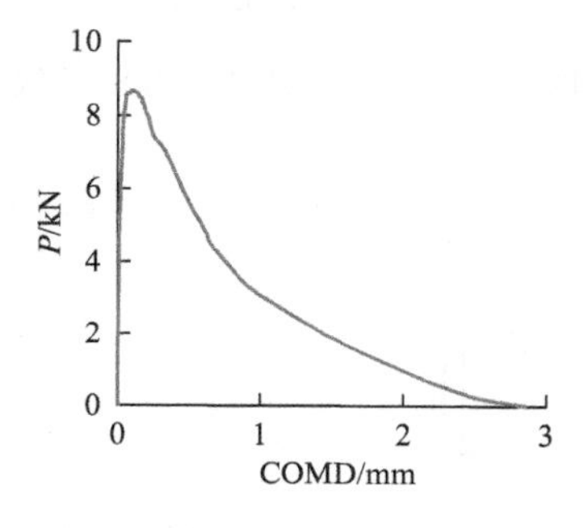

图 3.15　RCC-1 的 P-CMOD 曲线

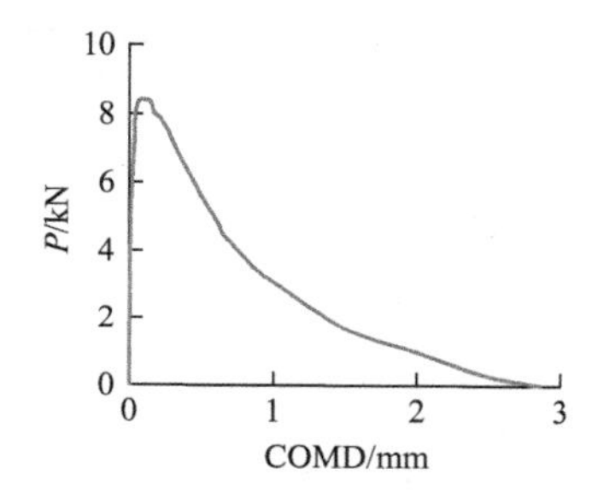

图 3.16　RCC-2 的 P-CMOD 曲线

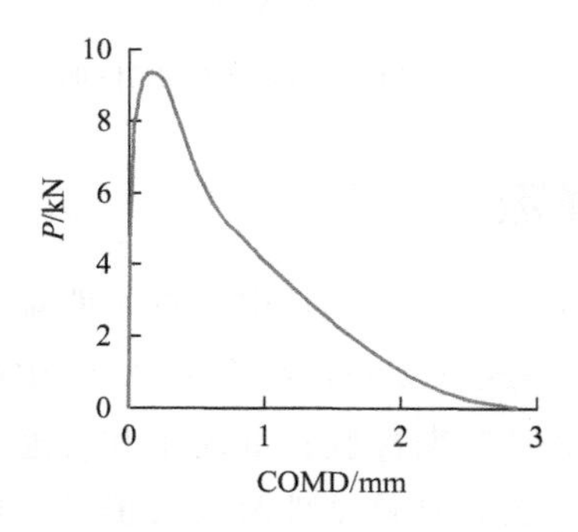

图 3.17　RCC-3 的 P-CMOD 曲线

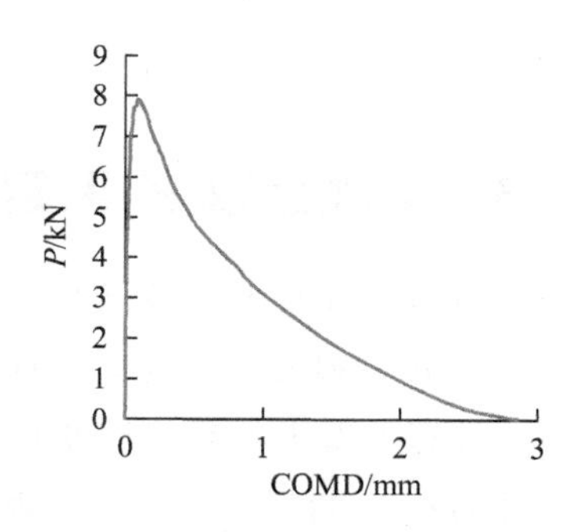

图 3.18　RCC-4 的 P-CMOD 曲线

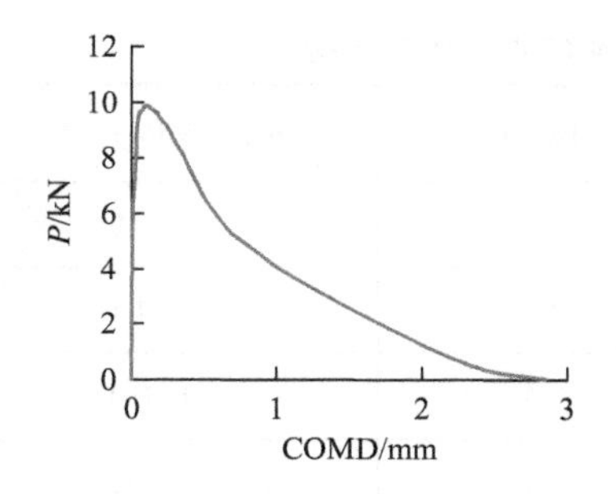

图 3.19　RCC-5 的 P-CMOD 曲线

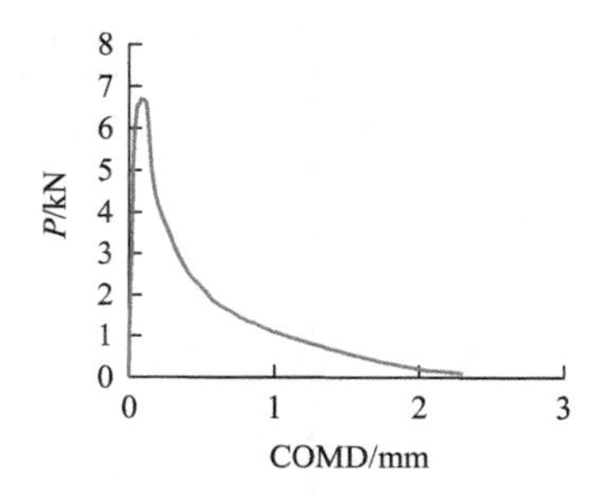

图 3.20　PCC-1 的 P-CMOD 曲线

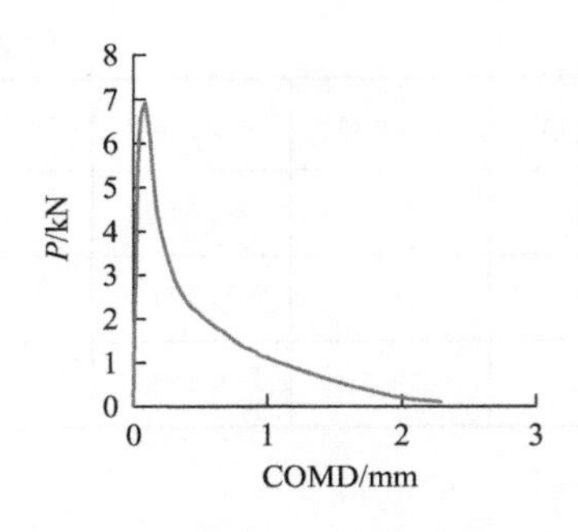

图 3.21　PCC-2 的 P-CMOD 曲线

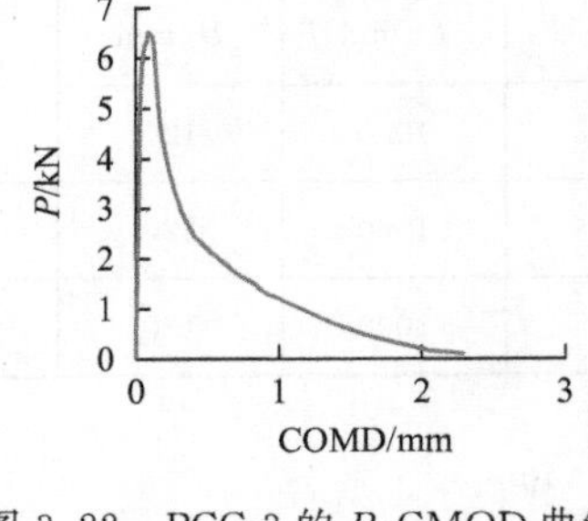

图 3.22　PCC-3 的 P-CMOD 曲线

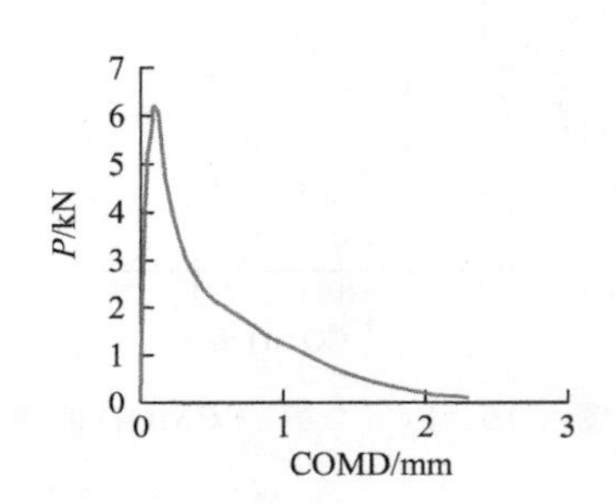

图 3.23　PCC-4 的 P-CMOD 曲线

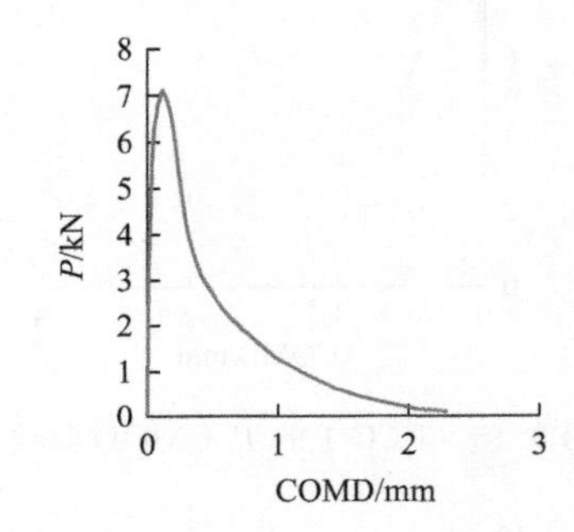

图 3.24　PCC-5 的 P-CMOD 曲线

3.15.3　混凝土双 K 断裂参数的确定

根据《水工混凝土断裂试验规程》（DL/T 5332—2005）中三点弯曲梁试验中起裂韧度 K_{IC}^{Q} 和失稳韧度 K_{IC}^{S} 计算式（3.1）～式（3.5），结合表 3.20 中的试验数据，计算混凝土的起裂韧度和失稳韧度。28d 龄期橡胶粉混凝土和普通混凝土各试件的双 K 断裂参数分别见表 3.21 和表 3.22，计算试件的双 K 断裂参数平均值，结果见表 3.23。

表 3.21　橡胶粉混凝土三点弯曲梁双 K 断裂参数

试验编号	初始缝高比	K_{IC}^{Q}/(MPa·m$^{1/2}$)	K_{IC}^{S}/(MPa·m$^{1/2}$)
RCC-1	0.395	0.843	1.560
RCC-2	0.400	0.803	1.554
RCC-3	0.401	0.906	1.610
RCC-4	0.395	0.764	1.496
RCC-5	0.400	0.933	1.739

表 3.22　普通混凝土三点弯曲梁双 K 断裂参数

试验编号	初始缝高比	$K_{IC}^{Q}/(MPa \cdot m^{1/2})$	$K_{IC}^{S}/(MPa \cdot m^{1/2})$
PCC-1	0.405	0.724	1.313
PCC-2	0.400	0.739	1.235
PCC-3	0.405	0.705	1.308
PCC-4	0.403	0.677	1.251
PCC-5	0.391	0.787	1.339

表 3.23　橡胶粉混凝土与普通混凝土三点弯曲梁双 K 断裂参数均值

混凝土类型	$K_{IC}^{Q}/(MPa \cdot m^{1/2})$	$K_{IC}^{S}/(MPa \cdot m^{1/2})$
RCC	0.850	1.592
PCC	0.726	1.289

起裂韧度 K_{IC}^{Q} 和失稳韧度 K_{IC}^{S} 计算公式

$$K_{IC}^{Q}=\frac{1.5\left(F_{Q}+\frac{mg}{2}\times 10^{-2}\right)\times 10^{-3}Sa_{0}^{1/2}}{th^{2}}f(\alpha) \tag{3.1}$$

$$K_{IC}^{S}=\frac{1.5\left(F_{max}+\frac{mg}{2}\times 10^{-2}\right)\times 10^{-3}Sa_{c}^{1/2}}{th^{2}}f(\alpha) \tag{3.2}$$

$$f(\alpha)=\frac{1.99-\alpha(1-\alpha)(2.15-3.93\alpha+2.7\alpha^{2})}{(1+2\alpha)(1-\alpha)^{3/2}},\ \alpha=\frac{a_{c}}{h} \tag{3.3}$$

$$a_{c}=\frac{2}{\pi}(h+h_{0})\arctan\left(\frac{tEV_{c}}{32.6F_{max}}-0.1135\right)^{1/2}-h_{0} \tag{3.4}$$

$$E=\frac{1}{tc_{i}}\left[3.70+32.60\tan^{2}\left(\frac{\pi}{2}\,\frac{a_{0}+h_{0}}{h+h_{0}}\right)\right] \tag{3.5}$$

式中　K_{IC}^{Q}——起裂韧度，$MPa \cdot m^{1/2}$；

K_{IC}^{S}——失稳韧度，$MPa \cdot m^{1/2}$；

F_{max}——最大荷载，kN；

F_{Q}——起裂荷载，kN，即试件 $F-V$ 曲线的上升段中从直线段转变为曲线段的转折点对应的荷载；

m——试件支座间的质量，kg；

g——重力加速度，$9.81m/s^{2}$；

S——试件两支座之间的跨度，m；

a_{c}——有效裂缝长度，m；

t——试件厚度，m；

h——试件高度，m；

h_0——夹式引伸计刀口薄钢板厚度，m；

V_c——裂缝口张开位移临界值，μm；

E——计算弹性模量，GPa；

a_0——初始裂缝长度，m；

c_i——试件的初始 V/F 值，μm/kN，由 $F-V$ 曲线的上升段之直线段上任一点的 V、F 计算，$c_i=V_i/F_i$。

从表 3.21～表 3.23 可以看出，在相同配合比和抗压强度基本相等时，橡胶粉混凝土的起裂韧度 K_{IC}^Q 范围在 0.764～0.933MPa・$m^{1/2}$ 之间，平均值为 0.850MPa・$m^{1/2}$，失稳韧度 K_{IC}^S 范围在 1.496～1.739MPa・$m^{1/2}$ 之间，平均值为 1.592MPa・$m^{1/2}$；普通混凝土的起裂韧度 K_{IC}^Q 范围在 0.677～0.787MPa・$m^{1/2}$ 之间，平均值为 0.726MPa・$m^{1/2}$，失稳韧度 K_{IC}^S 范围在 1.235～1.339MPa・$m^{1/2}$ 之间，平均值为 1.289MPa・$m^{1/2}$。橡胶粉混凝土的起裂韧度和失稳韧度均大于普通混凝土，起裂韧度是普通混凝土的 1.17 倍，失稳韧度是普通混凝土的 1.24 倍。

3.15.4 橡胶粉对混凝土断裂机理表征

混凝土断裂韧度大小取决于混凝土的断裂能，试件 P-CMOD 曲线下包围的面积，代表混凝土的断裂能大小。以橡胶粉混凝土试件 RCC-5 和普通混凝土试件 PCC-3 试件为代表，比较两种混凝土 P-CMOD 曲线下包围的面积，如图 3.25 所示。

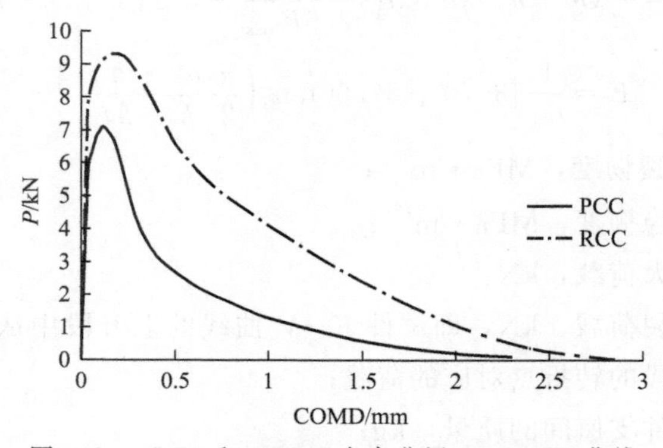

图 3.25 RCC 和 PCC 三点弯曲梁 P-CMOD 曲线

断裂韧度是表征混凝土对裂纹扩展阻力大小的参数，其大小标志着混凝土裂纹扩展的难易程度。混凝土断裂韧度主要取决于混凝土断裂能的大小。断裂能大，混凝土的断裂韧度大；断裂能小，混凝土的断裂韧度小。从图 3.25 可以看出，橡胶粉混凝土荷载-裂口张开位移曲线（*P*-CMOD 曲线）下降段比普通混凝土平缓，渐趋饱满，荷载-位移曲线下覆盖的面积大于普通混凝土，表明了橡胶粉混凝土对荷载能量有较好的吸收能力，从而具有较大的断裂能。

3.16 小 结

本章的主要研究成果如下：

(1) 橡胶粉粒径在 40～60 目之间，且级配为 4∶6，混凝土的工作性能和强度较好；

(2) 采用丙乳改性水泥浆包覆橡胶粉技术，橡胶粉密度增大，在新拌合物中分布均匀，不易上浮，界面结构完善，显微硬度增大，强度提高；

(3) 掺入橡胶粉，混凝土抗冻性能提高，抗渗性能没有明显改善；

(4) 橡胶粉具有硬化应变的特性，混凝土极限拉伸值增大，抗拉弹性模量减小，泊松比增加，塑性开裂时间延长，混凝土抗裂性能增强；

(5) 橡胶粉混凝土折压比增大，弹强比减小，混凝土的延性和韧性增大；

(6) 橡胶粉混凝土的起裂韧度和失稳韧度均大于普通混凝土，起裂韧度是普通混凝土的 1.17 倍，失稳韧度是普通混凝土的 1.24 倍。

第4章

岩基约束水工建筑物裂缝控制技术

岩基约束水工建筑物裂缝十分普遍，裂缝会加剧其它病害的产生和发展，使建筑物的实际服役年限缩短40%～60%。尽管国内外相关学者从混凝土设计、材料及施工等环节，采取诸多技术措施，但仍未破解岩基约束水工建筑物裂缝的技术瓶颈。因此，如何减少水工建筑物裂缝，增加其运行安全和服役年限，已成为行业亟待解决的关键问题。本章研究了岩基约束水工建筑物应力和应力梯度分布规律，在此基础上，开发了基于应力梯度和设置应力吸收层控制建筑物裂缝系列技术，阐明了橡胶粉混凝土线膨胀系数小的机理，简化了大体积混凝土温控工艺。

4.1 岩基约束水工建筑物应力分布规律

4.1.1 工程概况

东周水库位于山东省新泰市境内，在柴汶河支流渭水河上，是一座以防洪为主，兼顾灌溉、供水、养殖等综合利用的重点中型水库，总库容为0.89亿m^3，坝长1257m。枢纽建筑物坐落在岩基上，受岩基约束，建筑物裂缝较多，被山东省水利厅列为病险水库，2003年被南京水科院安全鉴定中心鉴定为险库三类。2005年山东省水利厅对东周水库保安全工程初步设计批复，工程投资7330万元，工程分两期实施。为防止岩基约束建筑物再次出现裂缝，需对建筑物应力进行评定，以便采取防范措施。

4.1.2 岩基约束建筑物应力分布

在岩基上浇筑不同尺寸的混凝土，试件尺寸分别为ϕ4000mm×4000mm、ϕ3000mm×3000mm、ϕ2500mm×2500mm、ϕ2000mm×2000mm、ϕ1500mm×1500mm，并在距离岩基不同位置埋设应力-应变计，测试岩基约束混凝土的应力，计算最大应力，并进行回归分析，结果见图4.1～图4.5。

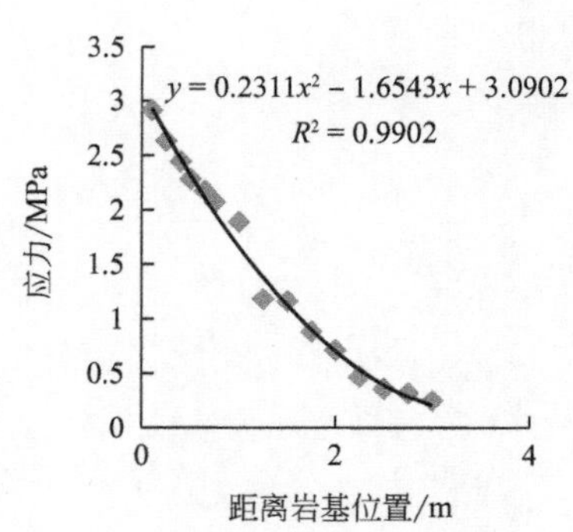

图4.1 尺寸ϕ4000mm×4000mm的混凝土距离岩基不同位置的应力分布

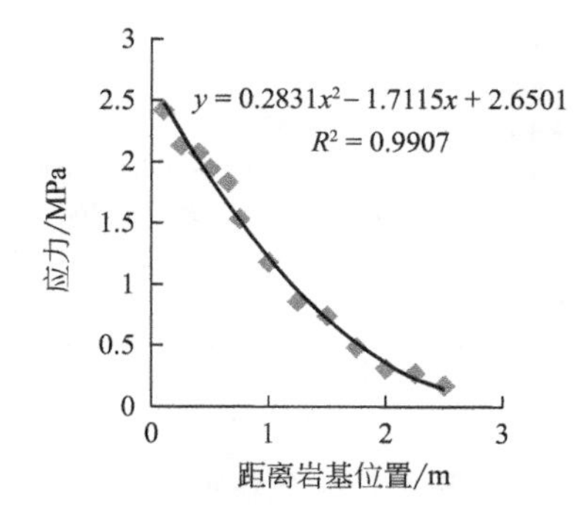

图 4.2　尺寸 ϕ3000mm×3000mm 的混凝土距离岩基不同位置的应力分布

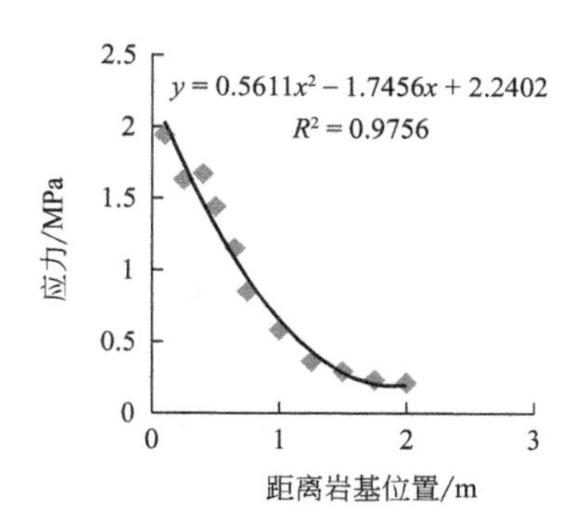

图 4.3　尺寸 ϕ2500mm×2500mm 的混凝土距离岩基不同位置的应力分布

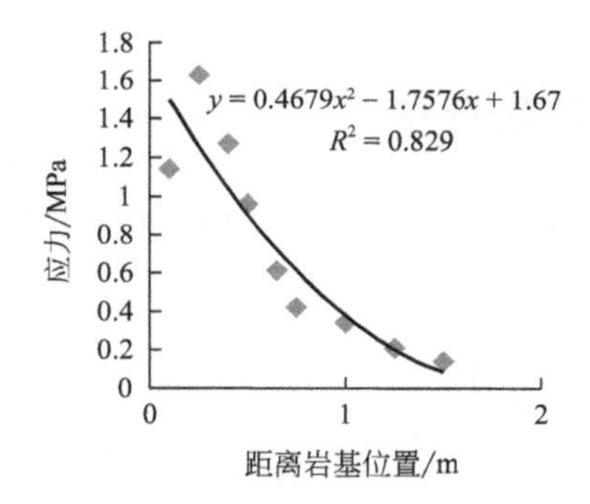

图 4.4　尺寸 ϕ2000mm×2000mm 的混凝土距离岩基不同位置的应力分布

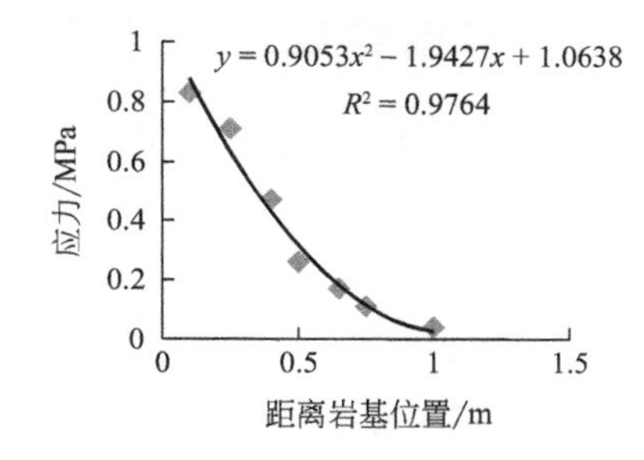

图 4.5　尺寸 ϕ1500mm×1500mm 的混凝土距离岩基不同位置的应力分布

从图 4.1～图 4.5 可以看出，不同尺寸的混凝土距离岩基的应力不同，岩基约束混凝土的应力分布具有相似的规律；距离岩基位置近，岩基约束应力大。岩基约束混凝土的应力与距离岩基位置的关系可表示为 $y=ax^2+bx+c$，应力 y 的大小取决于 a、b、c，但 a、b、c 与混凝土尺寸有关，分别对不同尺寸的 a、b、c 进行回归分析，结果见图 4.6～图 4.8。

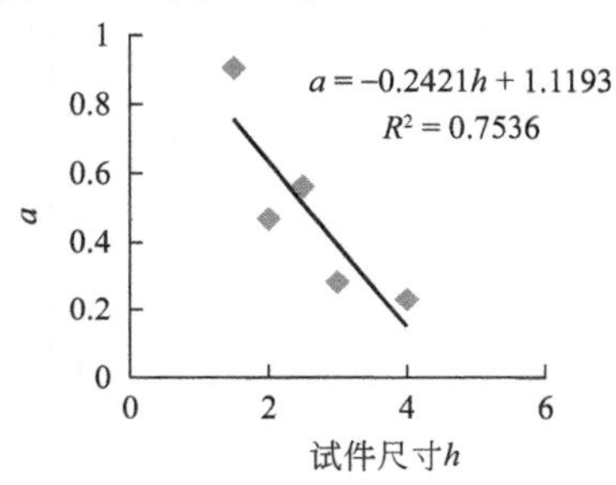

图 4.6　x^2 系数线性回归

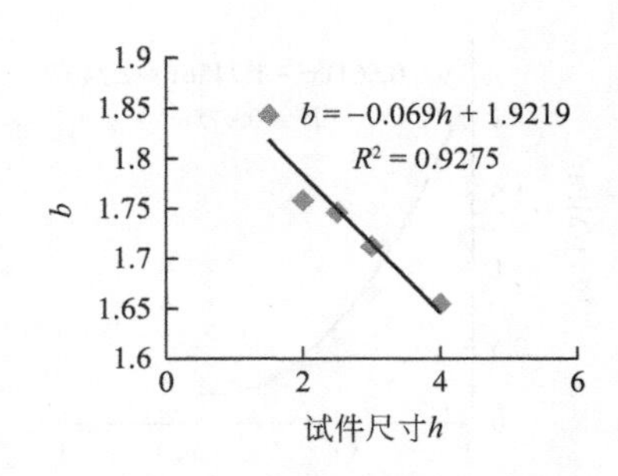

图 4.7　x 系数线性回归

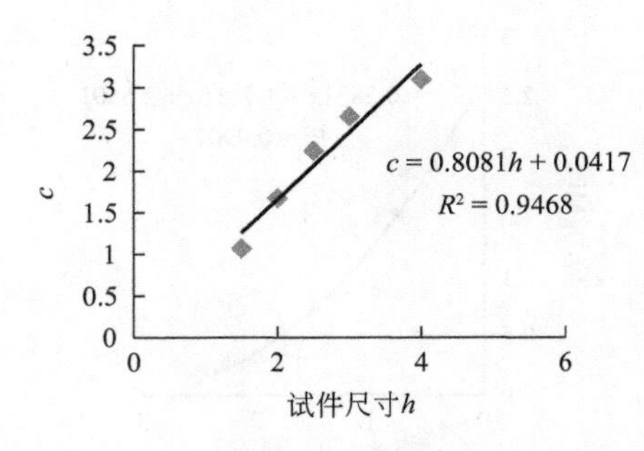

图 4.8　c 线性回归

将 a、b、c 线性回归结果代入方程 $y=ax^2+bx+c$ 可得，$y=(1.1193-0.2421h)x^2+(1.9219-0.069h)x+0.8081h+0.0417$。

4.1.3　岩基约束水工建筑物应力梯度分布

对不同尺寸的混凝土距离岩基的应力梯度进行计算和回归分析，结果见图 4.9～图 4.13。

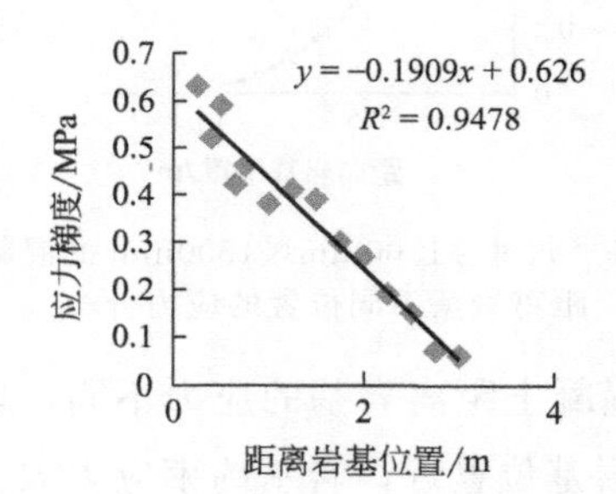

图 4.9　尺寸 ϕ4000mm×4000mm 的混凝土距离岩基不同位置的应力梯度分布

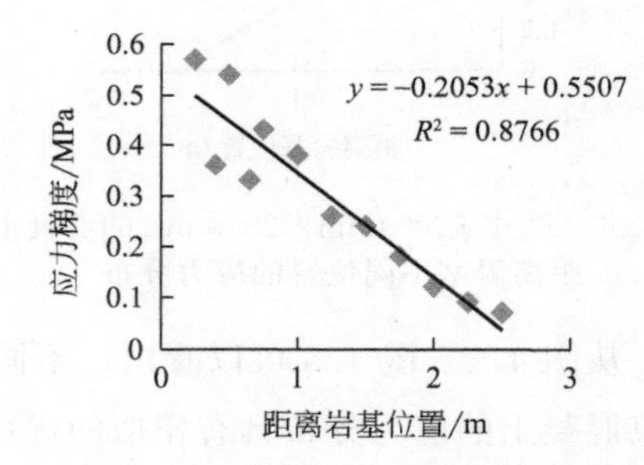

图 4.10　尺寸 ϕ3000mm×3000mm 的混凝土距离岩基不同位置的应力梯度分布

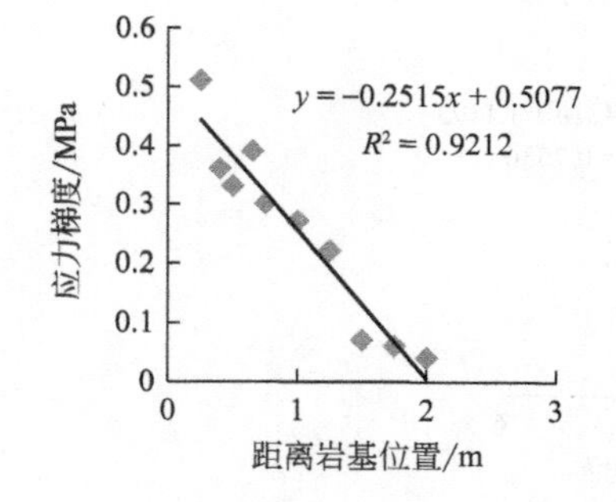

图 4.11　尺寸 ϕ2500mm×2500mm 的混凝土距离岩基不同位置的应力梯度分布

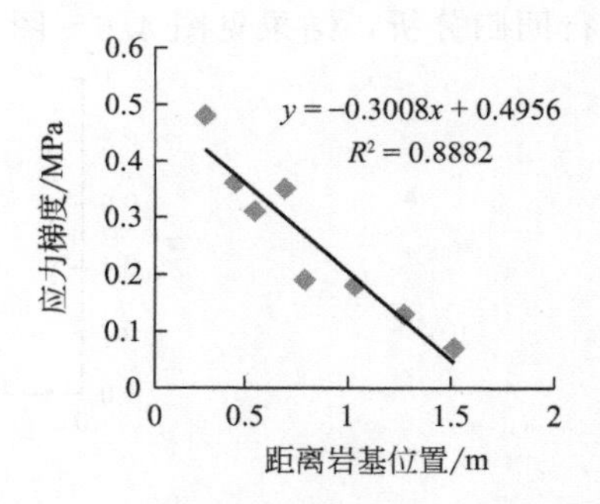

图 4.12　尺寸 ϕ2000mm×2000mm 的混凝土距离岩基不同位置的应力梯度分布

从图 4.9～图 4.13 可以看出，不同尺寸的混凝土距离岩基的应力梯度不同，岩基约束混凝土的应力分布具有相似的规律；距离岩基位置小，岩基约束应力梯度大。岩基约束混凝土的应力与距离岩基位置的关系可表示为 $y=ax+b$，应力梯度 y 的大小取决于 a、b，但 a、b 与混凝土尺寸有关，分别对不同尺寸的 a、b 进行回归分析，结果见图 4.14 和图 4.15。

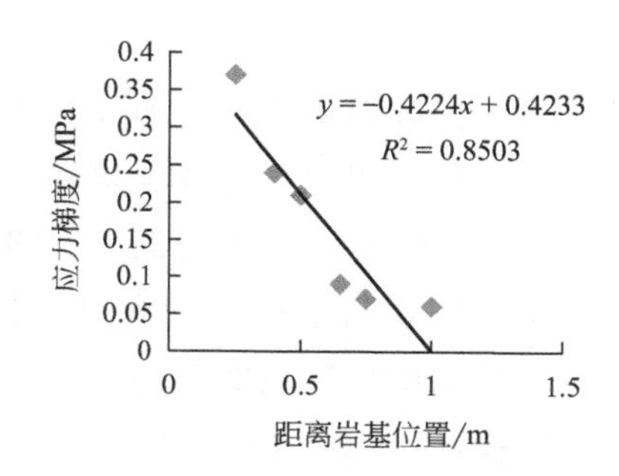

图 4.13　尺寸 ϕ1500mm×1500mm 的混凝土距离岩基不同位置的应力梯度分布

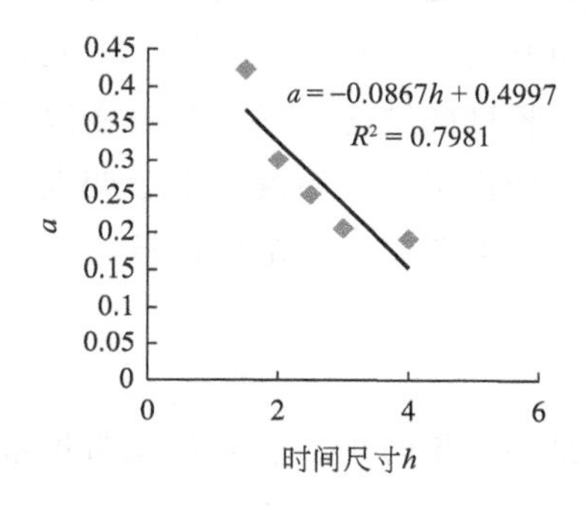

图 4.14　x 系数线性回归

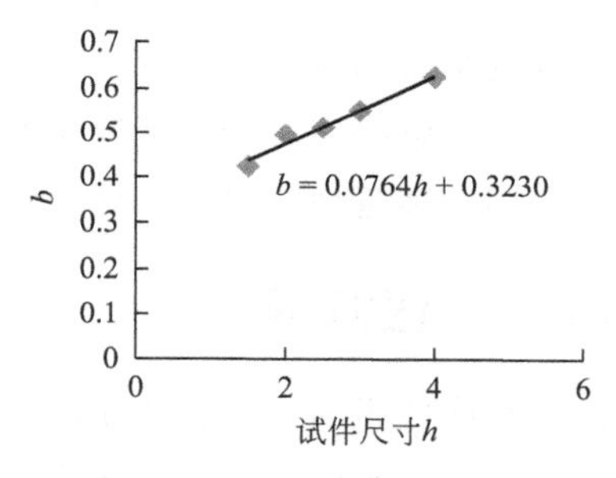

图 4.15　b 线性回归

将 a、b 线性回归结果代入方程 $y=ax+b$ 可得，$y=(0.4997-0.0867h)x+0.0764h+0.3230$。

4.2 基于应力梯度控制水工建筑物裂缝技术

基岩约束混凝土产生裂缝非常普遍，是水利工程领域难以解决的共性问题。混凝土受岩基约束易产生应力，其比软基上混凝土更易产生裂缝，裂缝会影响混凝土建筑物的结构安全和抗滑稳定性。以往控制基岩约束混凝土产生裂缝的技术措施主要有：通过优化原材料和配合比，采用中低热水泥，掺加矿物掺合料和化学外加剂等，以减少水泥用量，降低水化热；采用预冷骨料，控制混凝土出仓温度；采用通冷却水与表面保温，控制混凝土内外温差；施工设置温度缝以及在混凝土中加入纤维等。上述几种技术措施，从混凝土自身角度看，在一定程度上减缓了混凝土裂缝的产生和发展。但对有基岩约束的混凝土而言，仍未突破混凝土裂缝的技术瓶颈。究其原因，是因为基岩混凝土裂缝是由应力引起的，因此如何减少岩基约束应力是解决混凝土裂缝的关键。岩基约束混凝土产生的应力大小与混凝土建筑物的结构设计、所用材料性质有关，针对混凝土建筑物的结构设计和材料性质，提出基于应力改变岩基混凝土的结构，从而找到解决裂缝的思路。

依据基岩约束应力和应力梯度分布规律，即距离基岩面越远，基岩约束混凝土的应力越小，反之越靠近基岩面，混凝土材料承受的应力越大；结构位置差越大，应力梯度越大。采用均质混凝土结构材料，无法适应应力梯度的变化，这就是为什么通常采用已有的技术措施，仍无法避免基岩建筑物产生裂缝。因此，研究能够改变基岩约束混凝土应力分布，降低应力梯度的结构材料，并改变混凝土结构设计，是解决基岩约束混凝土裂缝的关键。而由于橡胶粉混凝土应变大，具有良好的韧性和延性，可作为解决基岩约束混凝土裂缝的关键结构材料。

4.2.1 工程概况

仁河水库位于山东省青州市庙子镇境内，是一座集防洪、灌溉和城市供水功能为一体的大型水库。枢纽工程由大坝、放水洞和溢洪道等组成。水库原设计总库容 1.043 亿 m^3，除险加固后水库总库容 1.185 亿 m^3，为大（2）型水库，工程等别为Ⅱ等。枢纽工程包括大坝、溢洪道、放水洞等主要建筑物。

溢洪道位于水库左岸，为坝肩式溢洪道，岩基为花岗岩，全长 242.12m，高 1.2m，宽 40.17m。其中闸前铺盖长 33.50m，泄槽段长 129.5m，宽 78m，纵坡坡降 1/100，泄槽末端接消能工，消能工为连续式挑坎。由于溢洪道拆除重建前裂缝严重，本次除险加固工程中部分采用橡胶粉混凝土技术。

4.2.2 现场试验配合比

溢洪道工程混凝土为 C25F150W6，根据混凝土配合比设计方法，将橡胶粉等体积取代部分砂子，橡胶粉质量：砂质量=1：1.6。橡胶粉在 C25 混凝土中的掺量为 20kg/m^3，设计混凝土配合比见表 4.1。

表 4.1 混凝土配合比　　单位：kg/m^3

强度等级	水泥	粉煤灰	5～20mm 碎石	16～31.5mm 碎石	砂	水	外加剂	橡胶粉
C25	280	80	290	730	875	145	6.2	0
	280	80	290	730	843	145	7.9	20.0

4.2.3　结果与讨论

（1）混凝土弹性模量　预留混凝土试件养护一定龄期后，按照《水工混凝土试验规程》（SL 352—2006）中混凝土弹性模量测试方法，分别测试不同龄期混凝土弹性模量 E，结果见图 4.16。

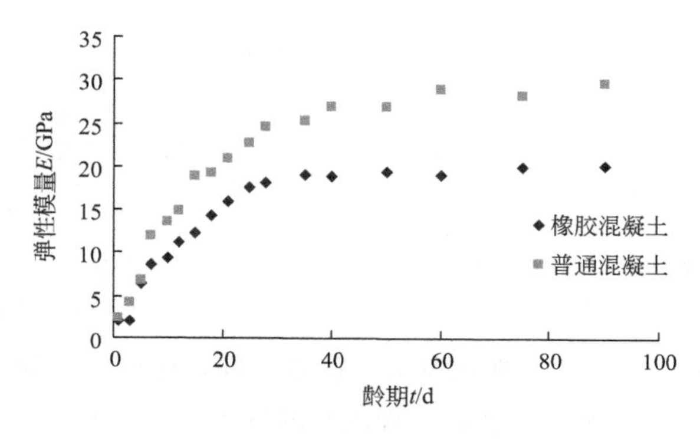

图 4.16　混凝土弹性模量

从图 4.16 可以看出，橡胶粉混凝土弹性模量随龄期的变化趋势与普通混凝土基本一致。随着龄期增加，橡胶粉混凝土弹性模量也增大，并趋于一稳定值。28d 龄期前，橡胶粉混凝土的弹性模量增加较快；28d 龄期后，橡胶粉混凝土的弹性模量增加较慢。除 3d 龄期的橡胶粉混凝土弹性模量与普通混凝土基本相近外，其它龄期的橡胶粉混凝土弹性模量均小于普通混凝土，且随龄期增加，二者的弹性模量差值增大。

（2）溢洪道温度应力　分别测试橡胶粉混凝土溢洪道和普通混凝土溢洪道内不同龄期的应变和温度，同时用温度计测试环境温度，计算溢洪道内混凝土的温度应力，结果见图 4.17～图 4.19。

从图 4.17～图 4.19 可以看出，在距离岩基不同位置，由于混凝土受岩基约束，溢洪道混凝土内部存在一定的应力梯度；距离岩基越小，溢洪道混凝土的温度应力越大；距离岩基相同位置，橡胶粉混凝土溢洪道的温度应力小于普通混凝土，温度应力梯度减小。距岩基 0.20m、0.65m、1.00m 处，普通混凝土溢洪道的最大温度应力分别为 4.7MPa、3.9MPa、1.6MPa，

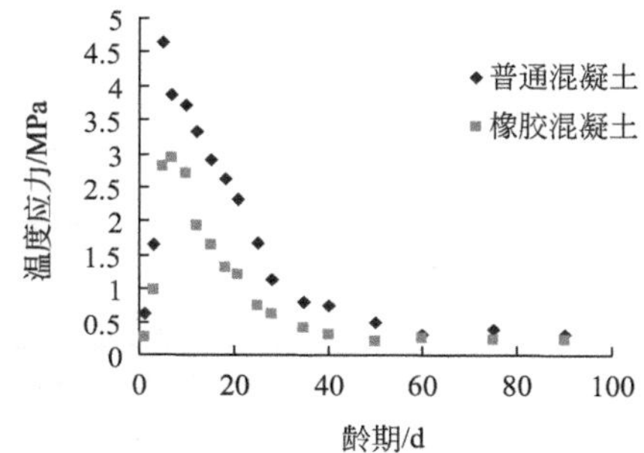

图 4.17　距岩基 0.20m 溢洪道混凝土内温度应力分布

相同位置的橡胶粉混凝土溢洪道的最大温度应力则为 3.0MPa、2.5MPa、1.3MPa。同时也可看出，距离岩基越小，橡胶粉混凝土与普通混凝土的温度应力差越大。

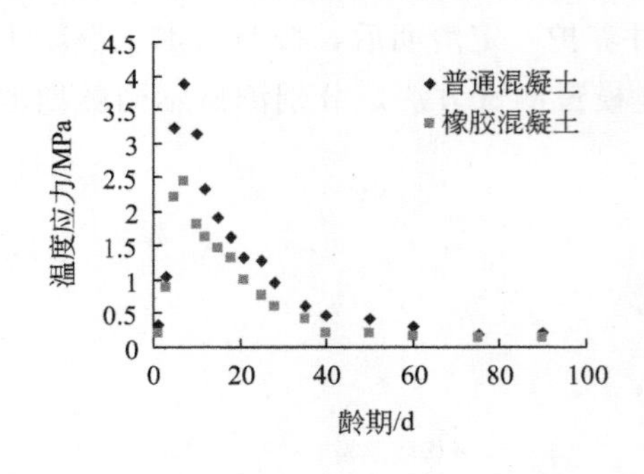

图 4.18　距岩基 0.65m 溢洪道混凝土内温度应力分布

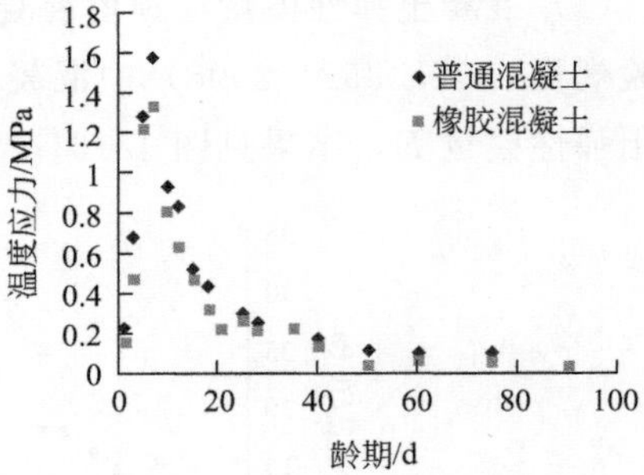

图 4.19　距岩基 1.00m 溢洪道混凝土内温度应力分布

图 4.17～图 4.19 表明，距离基岩面位置相同，橡胶粉混凝土应力小于普通混凝土；距离基岩面差相同的位置，橡胶粉混凝土应力梯度小于普通混凝土，为其能够作为控制基岩约束混凝土裂缝的关键结构材料提供技术依据。同时，通过调整橡胶粉混凝土中的橡胶掺量，可实现基岩约束混凝土结构材质随所处位置的应力不同而形成不同的应力梯度。为此，针对基岩约束混凝土的不同结构部位，可利用橡胶粉混凝土改变基岩约束应力及应力梯度分布的技术方案，建立基于应变梯度控制基岩约束混凝土裂缝的方法，如图 4.20 所示，从而从根本上解决基岩约束混凝土容易产生裂缝的普遍性技术难题，从而提升岩基建筑物的质量和安全使用寿命。

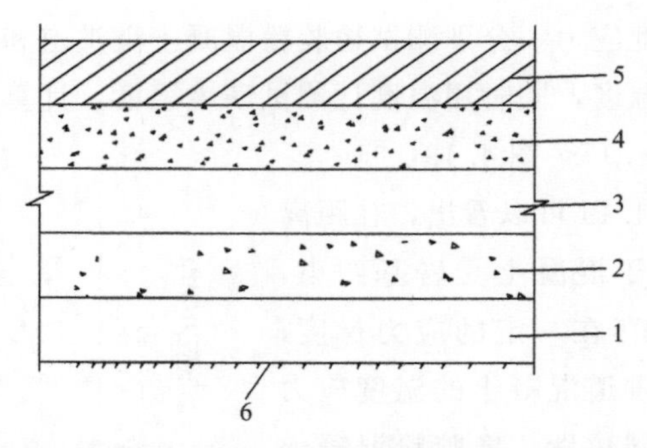

1—橡胶粉掺量$a\%$的混凝土；2—橡胶粉掺量$b\%$的混凝土；3—橡胶粉混凝土；4—橡胶粉掺量$n\%$的混凝土；5—普通混凝土；6—基岩

图 4.20　控制岩基约束混凝土裂缝方法示意图

4.3 基于应力吸收层控制水工建筑物裂缝技术

4.3.1 现场试验配合比

水闸闸墩混凝土为 C25F150W6，根据混凝土配合比设计方法，将橡胶粉等体积取代部分砂子，橡胶粉质量∶砂质量＝1∶1.6。橡胶粉在 C25 混凝土中的掺量为 $10kg/m^3$，设计混凝土配合比见表 4.2。

表 4.2　混凝土配合比　　单位：kg/m^3

强度等级	水泥	粉煤灰	5～31.5mm 碎石	砂	水	外加剂	橡胶粉
C25	290	70	1020	880	147	6.2	0
	290	70	1020	864	147	7.6	10.0

4.3.2 结果与讨论

分别测试设置有应力层的闸墩和普通混凝土闸墩内的应变和温度，同时用温度计测试环境温度，结果见图 4.21 和图 4.22；根据 $\delta = E\varepsilon$，其中 δ 为温度应力，E 为弹性模量，ε 为应变，计算闸墩混凝土的温度应力，结果见图 4.23。

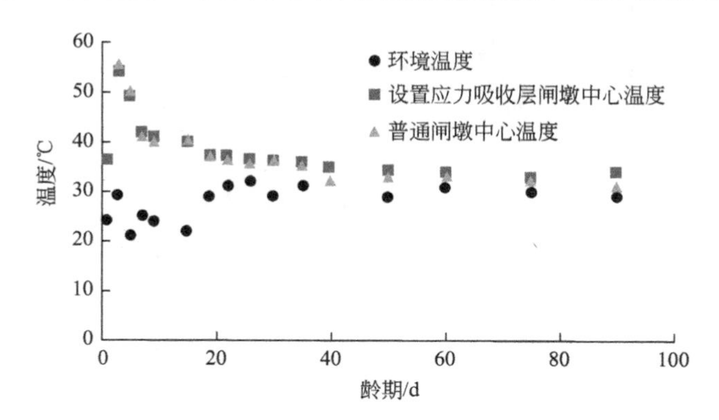

图 4.21　闸墩内温度分布

从图 4.21 可以看出，设置有应力吸收层的闸墩中心温度与普通混凝土闸墩基本一致，这是因为混凝土配合比相同，原材料一致，水泥水化温升相同。从图 4.22 和图 4.23 可知，设置有应力吸收层的闸墩的混凝土应变和温度应力小于普通混凝土闸墩。普通混凝土闸墩的最大温度应力为 4.8MPa，设置有应力吸收层的闸墩最大温度应力为 3.0MPa，为普通闸墩的 62.5%。这是由于橡胶粉混凝土作为应力吸收层，能够吸收闸底板对上部闸墩的约束应力，进而降低了闸墩的约束温度变形，减少了混凝土的温度应力。

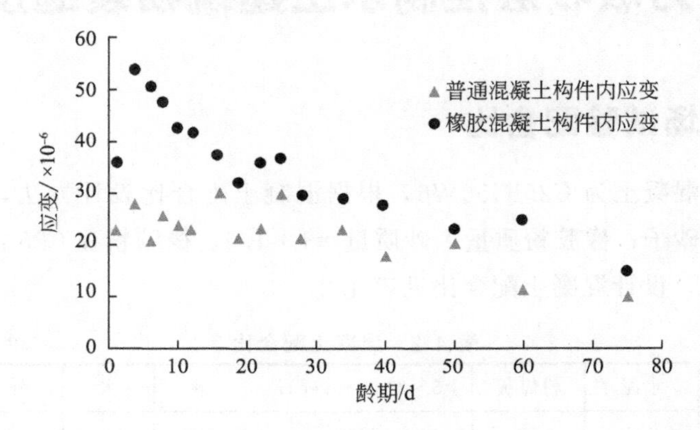

图 4.22　闸墩内混凝土应变

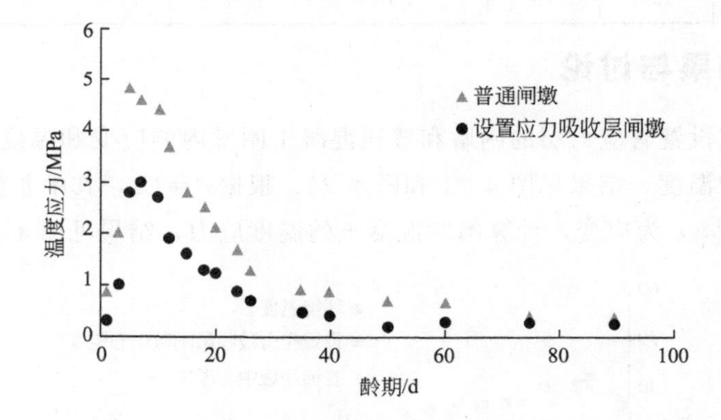

图 4.23　闸墩内温度应力分布

4.4 岩基橡胶粉混凝土建筑物温控试验

4.4.1　现场试验配合比

混凝土设计为 C25，根据配合比设计方法，将橡胶粉等体积取代部分砂子，橡胶粉质量：砂质量=1：4。橡胶粉在C25混凝土中的掺量为20kg/m^3，设计混凝土配合比见表4.3。

表4.3　混凝土配合比　　单位：kg/m^3

强度等级	水泥	粉煤灰	10～31.5mm碎石	砂	水	外加剂	橡胶粉
C25	260	100	1005	875	140	6.0	0
	260	100	1005	843	140	8.2	20.0

4.4.2　结果与讨论

4.4.2.1　不同尺寸的橡胶粉混凝土构件应变

调节冷却水的流量，保持混凝土构件内温度应力 δ 基本相同，测试不同龄期，不同尺寸构件的混凝土应变，测试结果见图4.24～图4.26。

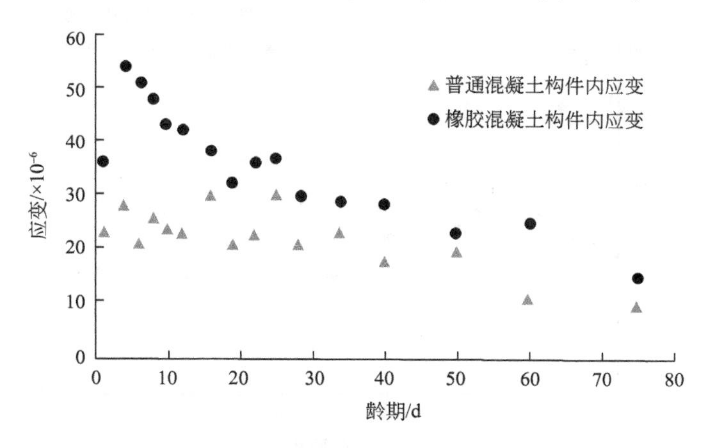

图4.24　ϕ1000mm×500mm混凝土构件内应变

从图4.24～图4.26可以看出，相同龄期，橡胶粉混凝土的应变大于普通混凝土；构件尺寸不同，混凝土应变不同，尺寸越大，混凝土应变越大。构件尺寸为ϕ1000mm×500mm、ϕ2000mm×1000mm、ϕ4000mm×2000mm的圆柱体橡胶粉混凝土最大应变分别为54×10^{-6}、90×10^{-6}、103×10^{-6}，相应的普通混凝土应变分别为30×10^{-6}、67×10^{-6}、81×10^{-6}。混凝土构件尺寸大，水化温升高，温差大，应力增加，应变增大。相同龄期，构件尺寸相同的普通混凝土与橡胶粉混凝土温度应力基本一致，根据 $\delta=E\varepsilon$，其中 δ 为温度应力，E 为弹性模量，ε 为应变，橡胶粉混凝土弹性模量减小，应变增大。

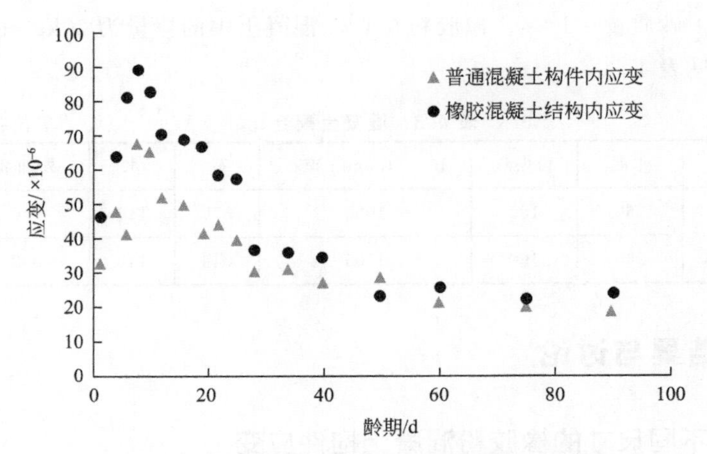

图 4.25　ϕ2000mm×1000mm 混凝土构件内应变

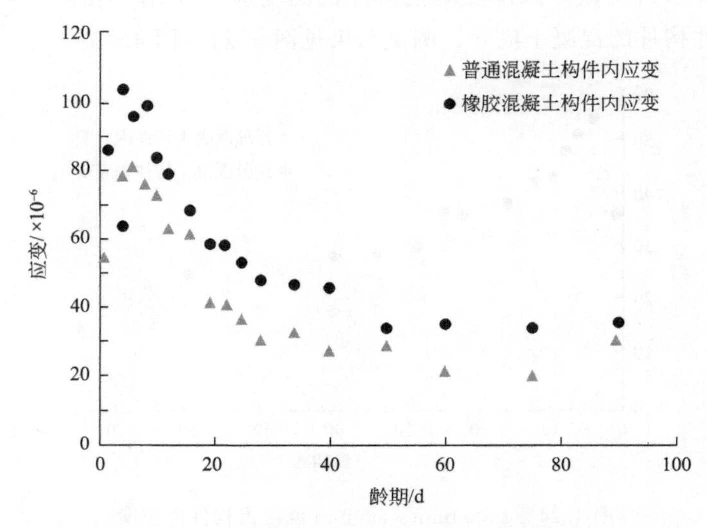

图 4.26　ϕ4000mm×2000mm 混凝土构件内应变

4.4.2.2　不同尺寸的橡胶粉混凝土构件温差

调节冷却水的流量，保持相同尺寸的混凝土构件内温度应力 δ 基本相同，测试构件内温度与环境温度，计算混凝土温差 ΔT，结果见图 4.27～图 4.29。

从图 4.27～图 4.29 可以看出，构件尺寸不同，混凝土温差不同，尺寸越大，混凝土温差也越大，与已有研究一致。橡胶粉混凝土尺寸为 ϕ1000mm×500mm、ϕ2000mm×1000mm、ϕ4000mm×2000mm 的圆柱体橡胶粉混凝土最大温差分别为 23.5℃、33.5℃、43.0℃，相应的普通混凝土温差则为 17.0℃、26.0℃、

27.5℃。保持相同龄期和尺寸的混凝土构件内温度应力 δ 基本相同，橡胶粉混凝土的抗温差能力大，耐温差性能优于普通混凝土。

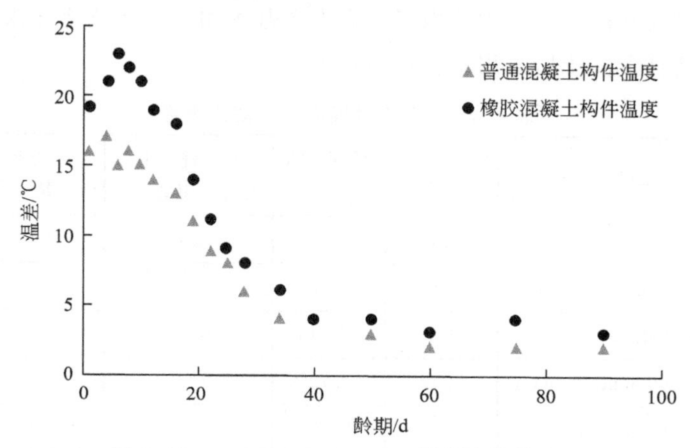

图 4.27　ϕ1000mm×500mm 混凝土构件温差

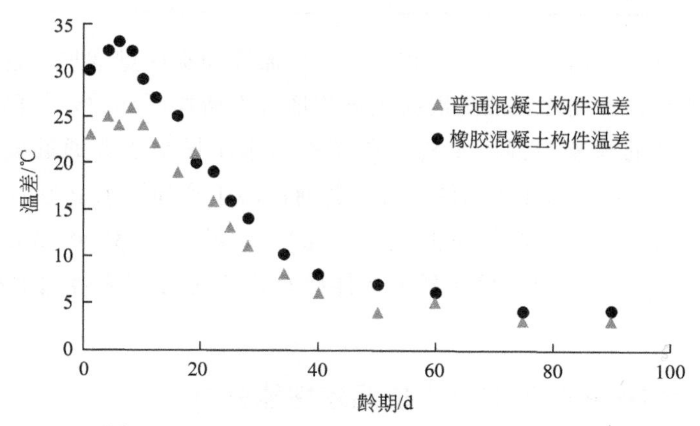

图 4.28　ϕ2000mm×1000mm 混凝土构件温差

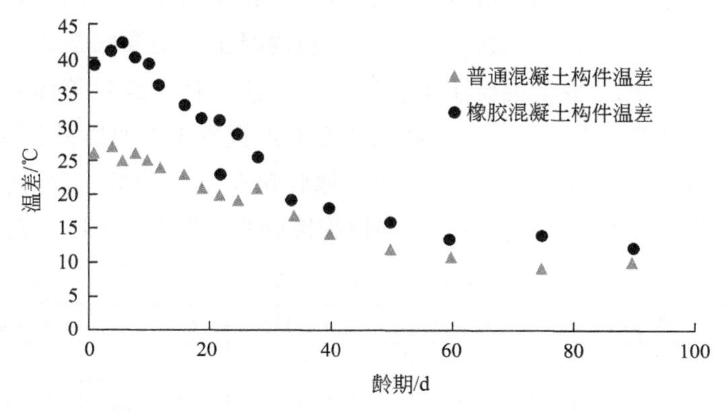

图 4.29　ϕ4000mm×2000mm 混凝土构件温差

4.4.2.3 冷却不同尺寸橡胶粉混凝土构件用水量

保持相同尺寸的混凝土构件内温度应力 δ 基本相同，调节冷却水的流量，记录不同尺寸构件混凝土所需用水量，结果见表 4.4。

表 4.4 不同尺寸混凝土冷却水用量

混凝土类型	混凝土尺寸	混凝土体积/m^3	冷却水用量/m^3	$1m^3$ 混凝土冷却水用量/m^3	冷却水进水温度/℃	冷却水出水温度/℃
普通混凝土	ϕ1000mm×500mm	0.39	0.90	2.31	22	27～28
	ϕ2000mm×1000mm	3.14	19.30	6.15	22	28～30
	ϕ4000mm×2000mm	25.12	267.40	10.64	22	28～31
橡胶粉混凝土	ϕ1000mm×500mm	0.39	0.72	1.85	22	26～28
	ϕ2000mm×1000mm	3.14	13.70	4.36	22	29～31
	ϕ4000mm×2000mm	25.12	177.00	7.05	22	30～31

从表 4.4 可以看出，混凝土体积增大，所需冷却水用量增加。这主要是由混凝土导热系数小，水泥水化热随混凝土体积增大而增加所导致，与已有研究结果一致。相同尺寸的橡胶粉混凝土构件所需冷却水用量小于普通混凝土。尺寸为 ϕ1000mm×500mm 的圆柱体构件，$1m^3$ 普通混凝土冷却用水量为 $2.31m^3$，橡胶粉混凝土为 $1.85m^3$，约为普通混凝土的 80%；尺寸为 ϕ2000mm×1000mm、ϕ4000mm×2000mm 的橡胶粉混凝土构件冷却水用量分别为普通混凝土的 71% 和 66%。

4.4.2.4 大体积橡胶粉混凝土抗温差性能分析

混凝土的抗温差性能与其线膨胀系数有关。在相同应变范围内，线膨胀系数越小，温差越大。因此试验系统研究了橡胶粉混凝土的线膨胀系数。

（1）试验配合比　根据混凝土配合比设计方法，将橡胶粉等体积取代部分砂子，橡胶粉质量∶砂质量=1∶1.6。橡胶粉在 C30 混凝土中的掺量分别为 $5kg/m^3$、$10kg/m^3$、$20kg/m^3$、$30kg/m^3$、$40kg/m^3$。橡胶粉在 C20～C50 混凝土中的掺量为 $10kg/m^3$，试验所用不同强度等级、不同橡胶掺量的混凝土配合比见表 4.5。

表 4.5 混凝土配合比　　单位：kg/m^3

试验编号	强度等级	水泥	矿粉	粉煤灰	5～20mm 碎石	砂	水	外加剂	橡胶粉
A	C30	220	80	40	1046	789	175	5.1	0
B	C30	220	80	40	1046	781	175	5.3	5

续表

试验编号	强度等级	水泥	矿粉	粉煤灰	5～20mm 碎石	砂	水	外加剂	橡胶粉
C	C30	220	80	40	1046	773	175	6.0	10
D	C30	220	80	40	1046	757	175	7.0	20
E	C30	220	80	40	1046	741	175	7.8	30
F	C30	220	80	40	1046	725	175	8.1	40
G	C20	140	80	80	1007	858	185	5.1	0
H	C20	140	80	80	1007	842	185	5.0	10
K	C40	270	90	40	1077	748	170	8.5	0
M	C40	270	90	40	1077	732	170	8.0	10
N	C50	350	110	30	1147	733	165	12.0	0
P	C50	350	110	30	1147	717	165	12.0	10

（2）试验结果与讨论　根据表 4.5，分别配制拌和 C30 混凝土和不同强度等级的混凝土，各成型 3 个试件，标准养护 28d 后，在 30～70℃范围内，测试不同掺量橡胶粉的 C30 混凝土膨胀值，以及橡胶粉掺量为 10kg/m^3 的不同强度等级混凝土的膨胀值，并计算不同温度下平均膨胀值，测试结果见表 4.6。

表 4.6　橡胶掺量对混凝土线膨胀系数试验结果

编号	橡胶掺量/(kg/m^3)	温度范围/℃	线膨胀系数/℃$^{-1}$
A	0	30～70	10.333×10^{-6}
B	5	30～70	9.778×10^{-6}
C	10	30～70	8.852×10^{-6}
D	20	30～70	8.482×10^{-6}
E	30	30～70	7.426×10^{-6}
F	40	30～70	6.241×10^{-6}
G	0	30～70	9.296×10^{-6}
H	10	30～70	8.556×10^{-6}
K	0	30～70	11.055×10^{-6}
M	10	30～70	9.940×10^{-6}
N	0	30～70	11.907×10^{-6}
P	10	30～70	10.537×10^{-6}

从表 4.6 可以看出，随着橡胶粉掺量的增大，相同强度等级的混凝土线膨胀系数随之减小。橡胶掺量 5～20kg/m^3，C30 混凝土的线膨胀系数在 8.482×10^{-6}～9.778×10^{-6}℃$^{-1}$ 范围内变化，均小于基准混凝土。橡胶掺量为 30～40kg/m^3，线膨胀系数大约是基准混凝土的 60%～70%。在相同的温度变化范围内，橡胶粉混凝土线膨胀系数越小，混凝土的变形越小，越有利于提高混凝土的抗裂性能。

从表 4.6 还可以看出，在 C20～C50 混凝土中，橡胶粉掺量为 10kg/m^3 的混凝土线膨胀系数为基准混凝土的 85.7%～92.0%。混凝土强度等级越高，基准混凝土的线膨胀系数越大，混凝土抗裂性能越差。橡胶粉掺量为 10kg/m^3 的 C50 橡胶粉混凝土与 C30 基准混凝土线膨胀系数基本相等；掺量 10kg/m^3 的 C40 和 C50 橡胶粉混凝土线膨胀系数分别小于 C30 和 C40 基准混凝土。橡胶粉混凝土线膨胀系数小于高强度等级的混凝土，为提升高强混凝土的抗裂性能提供了一种方法。

（3）橡胶粉吸收混凝土温度应力表征与分析

① 橡胶粉混凝土温度应力。为体现混凝土强度一般性，试验采用 C30 混凝土，比较橡胶粉对其混凝土温度应力的影响。由于自由膨胀或收缩的混凝土试件，温度发生均匀变化时，内部应力变化为 0，因此采用对试件两端进行约束的方法，分别测试温度变化时，基准混凝土和橡胶粉混凝土内部温度应力大小。

根据表 4.5 中 C30 混凝土橡胶掺量为 0 和 10kg/m^3 混凝土配合比，分别成型 9 组 100mm×100mm×400mmm 试件，其中 3 组用于测试混凝土极限抗压强度，3 组用于测试混凝土弹性模量，剩余 3 组试件中央埋入振弦式应力应变计和温度传感器，用于测试混凝土的温度应力。标准养护 28d，分别测试混凝土的弹性模量 E 和应变 ε，根据应力 $\delta=E\varepsilon$，计算混凝土温度应力，结果见表 4.7 和表 4.8。

表 4.7 混凝土抗压强度与弹性模量

编号	强度等级	橡胶掺量/(kg/m^3)	28d 抗压强度/MPa	28d 弹性模量/GPa
1	C30	0	41.6	24.6
2		10	37.3	18.1

表 4.8 不同温度下混凝土内温度应力

温度范围/℃	温差 ΔT/℃	温度应变 ε/×10^{-6}		温度应力 δ/MPa	
		基准混凝土	橡胶粉混凝土	基准混凝土	橡胶粉混凝土
25～35	10	56	64	1.38	1.16
35～50	15	83	97	2.04	1.76
50～72	22	89	107	2.19	1.94

从表 4.7 可以看出，橡胶掺量 10kg/m^3 时，混凝土的抗压强度基本满足 C30 的试配强度要求；橡胶粉混凝土抗压强度是基准混凝土的 90%，而弹性模量是基准混凝土的 74%。由表 4.8 可知，温差相同，橡胶粉混凝土的温度应力均小于基准混凝土。温差 10℃，橡胶粉混凝土的温度应力是基准混凝土的 84%；温差 15℃和 22℃，橡胶粉混凝土温度应力分别是基准混凝土的 86%和 89%。橡胶粉混凝土温度应力小于基准混凝土，这是由于橡胶粉弹性小，分布于混凝土中成为

应力吸收点。温度升高，混凝土受约束膨胀，产生的温度应力被橡胶粉吸收，混凝土内部温度应力降低，线膨胀系数减小。

② 橡胶粉吸收混凝土温度应力表征与分析。橡胶粉吸收温度应力的大小可用混凝土的断裂能来表征。断裂能大，橡胶粉吸收温度应力的性能提高。采用三点弯曲梁法，根据表 4.5 中 C30 混凝土橡胶掺量为 0、20kg/m^3 和 40kg/m^3 混凝土配合比，分别成型 100mm×100mm×515mm 基准混凝土和橡胶粉混凝土试件，试件跨中切割 2.0mm 深裂缝，标准养护 28d，测试的橡胶粉混凝土和基准混凝土试件的最大荷载 P_{max} 和临界裂缝张口位移 CMOD，绘制荷载-位移（P-CMOD）曲线，结果见图 4.30，比较积分曲线下面积。

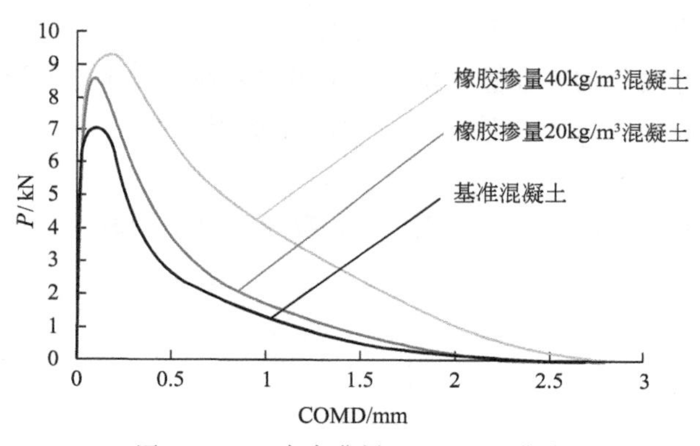

图 4.30　三点弯曲梁 P-CMOD 曲线

从图 4.30 可以看出，橡胶粉掺量为 20kg/m^3 和 40kg/m^3 的混凝土 P-CMOD 曲线下的面积大于基准混凝土；40kg/m^3 的橡胶粉混凝土 P-CMOD 曲线下的面积大于 20kg/m^3 的。这表明了橡胶粉混凝土对荷载能量有较高的吸收能力，从而具有较大的断裂能。橡胶掺量越大，吸收能量能力越高，断裂能越大。混凝土受温度变化时，产生的温度应力相当于外部荷载。当混凝土温度应力作用于橡胶粉时，橡胶粉吸收了部分应力，表现为混凝土温度应力减小。

4.5 小　结

本章主要研究成果如下：

(1) 岩基约束水工建筑物的应力方程为 $y=(1.1193-0.2421h)x^2+(1.9219-0.069h)x+0.8081h+0.0417$，其中 y 为应力，x 为距离岩基位置，h 为建筑物尺寸；岩基约束水工建筑物的应力梯度方程为 $y=(0.4997-0.0867h)x+0.0764h+0.3230$，其中 y 为应力梯度，x 为距离岩基位置，h 为建筑物尺寸。

(2) 岩基约束废弃橡胶粉混凝土的温度应力小于普通混凝土；距离岩基越小，二者之间的温度应力差越大。

(3) 在闸墩底部设置一层废弃橡胶粉混凝土作为应力吸收层，闸墩中心温度基本不变，闸墩混凝土的温度应力减少37.5%。

(4) 相同尺寸的废弃橡胶粉混凝土应变大于普通混凝土；废弃橡胶粉混凝土应变与构件尺寸有关，尺寸越大，应变越大。

(5) 相同尺寸构件的废弃橡胶粉混凝土耐温差性能优于普通混凝土。

(6) 废弃橡胶粉混凝土构件显著节约冷却水用量20%～34%，具有明显的温控优势。

(7) 橡胶粉吸收了部分应力，表现为混凝土温度应力减小，橡胶粉混凝土线膨胀系数减小。

第5章

岩基水工建筑物抗剪断与抗滑控制技术

建在岩基上的重力式建筑物，特别是混凝土重力坝，在各种荷载作用下，可能使坝体发生滑动、倾覆，因此坝基的抗滑稳定性对大坝的耐久性设计起控制作用，尤其对需要有很高抗剪强度的高坝和可能承受动荷载作用的大坝更是如此。大坝岩基与混凝土间的抗剪强度是大坝稳定设计的关键参数，直接影响基础处理的工程量和工期，甚至还影响大坝形态与枢纽布置。坐落在岩基上的重力式建筑物，依靠岩基与大体积混凝土接触面的摩擦力平衡巨大的水压力。接触面的摩擦系数有很小的变化，需要混凝土的体积发生大的变化保持摩擦力不变，从而工程造价出现较大差别。因此，研究提高混凝土与岩基接触面的摩擦系数的技术措施，对增强建筑物的抗滑稳定性具有显著的经济效益，并对工程安全有重要意义。本章首先研究了岩基不同弹性模量的水工建筑物基底反力分布规律，在此基础上，研究了橡胶粉混凝土的抗剪性能，最后探讨了橡胶粉混凝土提升建筑物抗滑稳定性机理。

5.1 岩基水工建筑物基底反力分布

5.1.1 现场工程概况

淌水崖水库枢纽工程主要由10孔浆砌石连拱坝、重力坝、南北放水洞、电站、溢洪闸（道）及交通桥组成。目前，该拱坝是全国为数不多，山东省唯一一座连体拱坝。按照淮委要求，淌水崖水库连拱坝加固必须进行现场试验，在测出岩基-混凝土的抗剪参数后方可进行水库除险加固设计。针对临朐县淌水崖水库首先研究了荷载作用下岩基建筑物应力分布分析，在此基础上，分别进行了岩基-混凝土和岩基-橡胶粉混凝土接触面抗剪强度现场试验，比较了混凝土和橡胶粉混凝土与岩基的抗剪性能，为提高大坝岩基-混凝土抗剪参数提供了一种新的技术措施。现场试验配合比见表5.1。

表5.1 不同橡胶掺量混凝土配合比

试验编号	水泥/(kg/m^3)	细集料/(kg/m^3)	粗集料/(kg/m^3)	橡胶粉/(kg/m^3)	水/(kg/m^3)	外加剂/(kg/m^3)	坍落度/mm
1	354	694	1132	0	170	7.08	70

续表

试验编号	水泥/(kg/m³)	细集料/(kg/m³)	粗集料/(kg/m³)	橡胶粉/(kg/m³)	水/(kg/m³)	外加剂/(kg/m³)	坍落度/mm
2	354	678	1132	10	170	7.08	90
3	354	662	1132	20	170	7.08	100
4	354	646	1132	30	170	7.08	85
5	354	630	1132	50	170	7.08	50

5.1.2　试验结果与讨论

现场测试岩基上不同橡胶粉混凝土的基底反力，结果见图 5.1。

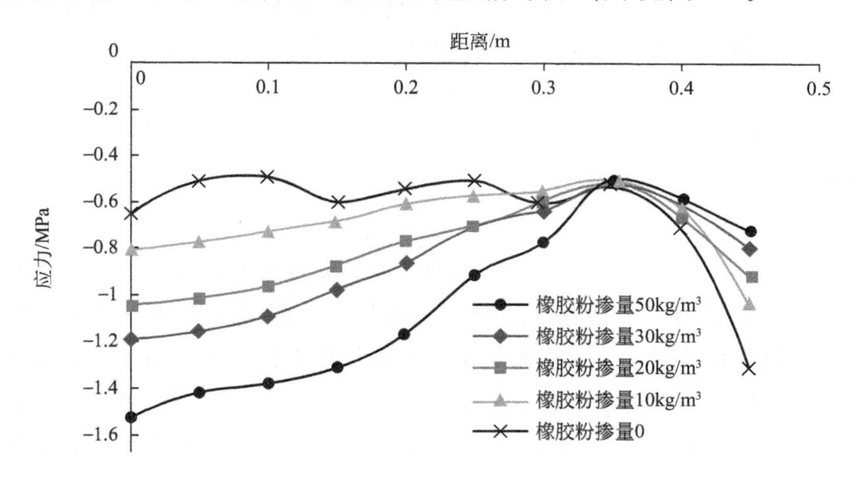

图 5.1　岩基上不同橡胶粉混凝土的基底反力

由图 5.1 可以看出，在法向荷载一定时，橡胶粉掺量对岩基上混凝土基底反力影响显著。基准混凝土的基底反力呈现中间小，边缘大的马鞍状分布，易产生应力集中和破坏。橡胶粉混凝土的基底反力呈现边缘小，中间大，接近抛物线分布，且橡胶粉掺量大，呈抛物线分布特点越明显，橡胶粉混凝土基底反力分布特征越有利于克服边缘处的应力集中。从图 5.1 还可以看出，在法向荷载一定时，橡胶粉混凝土的应力-距离曲线与横纵坐标轴所围的面积大于基准混凝土，即橡胶粉混凝土所承受的荷载与其底面积的乘积大于基准混凝土。因此橡胶粉混凝土受到水平荷载破坏时需要的能量更大，该种混凝土建筑物更稳定。

5.2 橡胶粉对岩基-混凝土抗剪性能影响规律

5.2.1 普通混凝土与橡胶集料混凝土的抗剪断与抗滑试验

（1）试验原理　岩体结构面中剪切试验是以结构面抗剪强度理论和库仑准则为理论依据，对每一试样在恒定垂直荷载 P 作用下逐级施加水平剪切荷载 Q，使试件发生剪切变形，直至破坏。得到每一试块的垂直应力 δ 和剪应力 τ，然后用库仑准则确定结构面的 c 值。将混凝土试体浇注在岩基表面，养护28d后，在其上施加竖向荷载，然后在水平力的作用下使混凝土试体开始滑动。两者接触面上的垂直应力 δ 和剪应力 τ 在临界状态时的关系适用库伦定理，即：

$$\tau = \delta \tan\phi + c \tag{5.1}$$

式中，c 为接触面的黏聚力；ϕ 为接触面的摩擦角；δ 为有效应力。

而摩擦系数 $f = \tan\phi$，则：

$$\tau = \delta f + c \tag{5.2}$$

（2）试验方法　首先根据设计荷载确定最大垂直压力，由小到大逐级对混凝土试体施加垂直压力。当垂直压力施加结束后，对混凝土试体分级施加水平推力，直至混凝土试体滑动。逐级测量水平推力作用下的水平位移 μ，绘制不同应力条件下的剪应力 τ 与剪切位移 μ 的关系曲线。按上述方法可求得各级垂直荷载下的抗剪强度，绘制 $\delta - \tau$ 关系曲线，即可求得摩擦系数。试验结束后卸载，重新加载，按同样方法进行抗剪（抗滑）试验。

（3）现场试验配合比　水泥：P·O42.5水泥，山东青州××水泥有限公司产；细集料：中粗砂，细度模数2.6，山东临朐产；粗集料：5～31.5mm碎石，山东临朐产；橡胶粉：40～60目，山东青州产；外加剂：引气减水剂（粉体），济南××科技公司产。试验配合比见表5.1中试验编号1和试验编号2。

（4）试件制备与试验方法　按照《水利水电工程岩石试验规程》（SL/T 264—2020）要求，在现场坝体岩基上分别浇筑普通混凝土和橡胶集料混凝土试件各一组，每组试件各5个。为测试方便，每个试件的尺寸为50cm×50cm×80cm，试验采用平推法，混凝土强度等级为C25，根据坝体的最大应力计算，法向最大荷载为380kN。对测试结果进行回归，分别得出普通混凝土和橡胶粉混凝土与坝体岩基的抗剪断摩擦系数 f 和黏聚力 c、抗滑摩擦系数 f' 和黏聚力 c'。分析试验结果，比较橡胶集料混凝土和普通混凝土与坝体岩基的抗剪断和抗滑性能。

（5）试验现场　现场试验见图 5.2～图 5.5。

图 5.2　试验现场

图 5.3　百分表测量法向位移

图 5.4　施加剪切荷载

图 5.5　百分表测量剪切位移

（6）试验结果与分析

① 普通混凝土抗剪断与抗滑试验

a. 普通混凝土抗剪断试验。不同法向应力 δ 下，水平剪应力 τ 与剪切位移 μ 的关系曲线见图 5.6～图 5.10；普通混凝土抗剪断参数试验结果见表 5.2 和图 5.11。

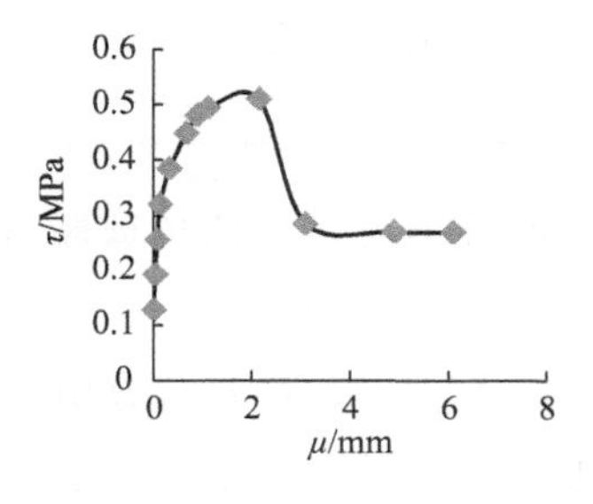

图 5.6　δ=0.3296MPa 时的 τ-μ 关系曲线

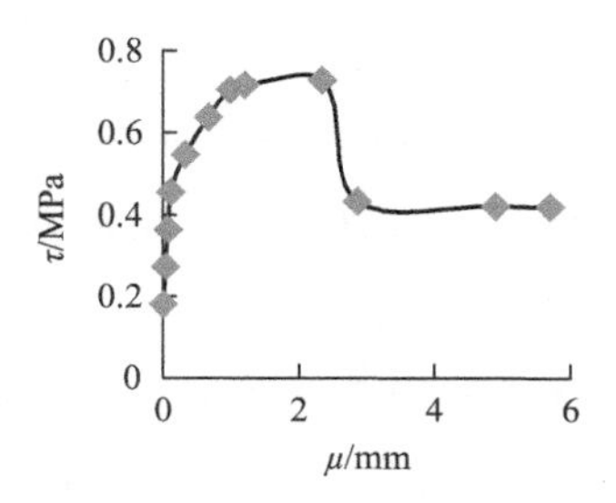

图 5.7　δ=0.5940MPa 时的 τ-μ 关系曲线

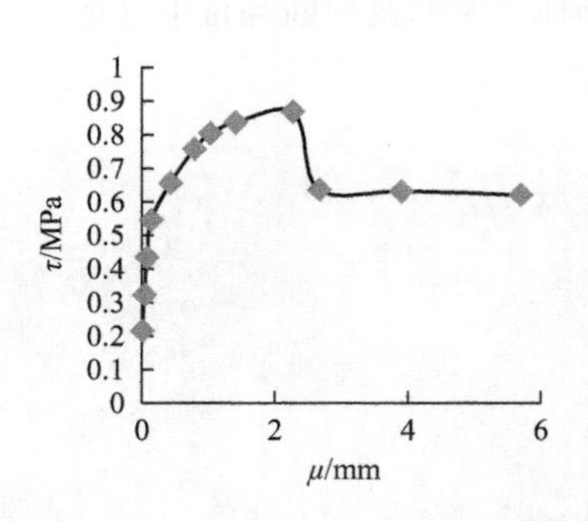

图 5.8　δ=0.7796MPa 时的 $\tau-\mu$ 关系曲线

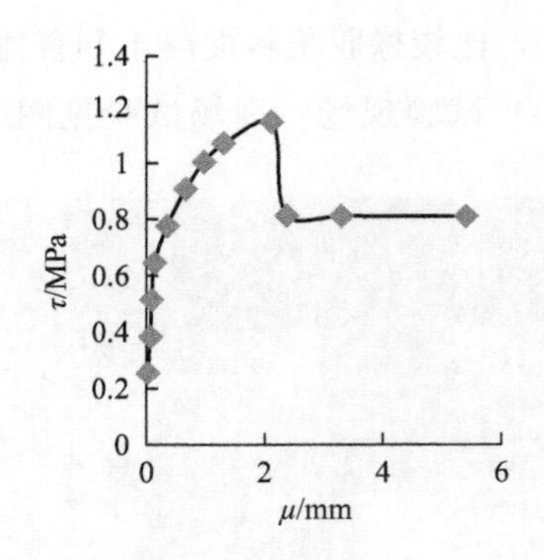

图 5.9　δ=1.0827MPa 时的 $\tau-\mu$ 关系曲线

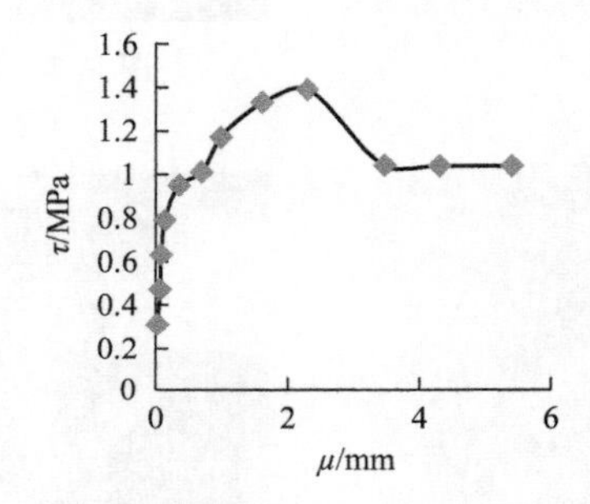

图 5.10　δ=1.4563MPa 时的 $\tau-\mu$ 关系曲线

表 5.2　28d 龄期普通混凝土与岩基的抗剪断参数试验结果

试验序号	法向应力峰值 δ/MPa	切向应力峰值 τ/MPa	摩擦系数 f	黏聚力 c/MPa	剪切位移 μ/mm	平均剪切位移 $\overline{\mu}$/mm
1	0.3296	0.5100	0.790	0.254	2.16	2.24
2	0.5940	0.7287			2.34	
3	0.7796	0.8682			2.27	
4	1.0827	1.1450			2.11	
5	1.4563	1.3902			2.30	

由图 5.11 线性回归结果和表 5.2 可知，普通混凝土与岩基的抗剪断应力方程 $\tau=0.790\delta+0.254$，$R^2=0.986$；平均剪切位移为 2.24mm。

b. 普通混凝土抗滑试验。不同法向应力 δ 下，水平剪应力 τ' 与剪切位移 μ' 的关系曲线见图 5.12～图 5.16；普通混凝土抗滑参数试验结果见表 5.3 和图 5.17。

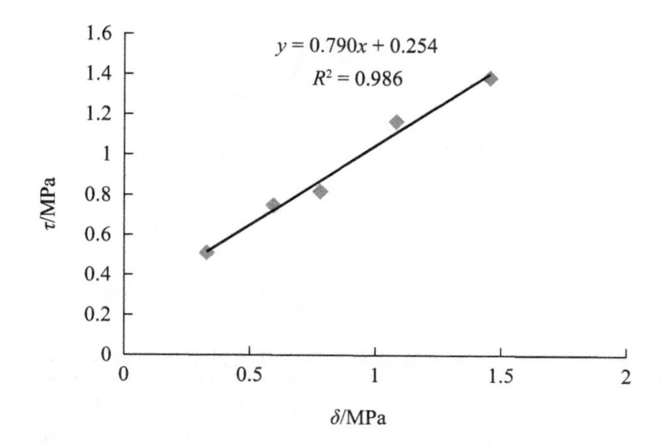

图 5.11　普通混凝土与岩基的抗剪断应力 $\tau-\delta$ 回归曲线

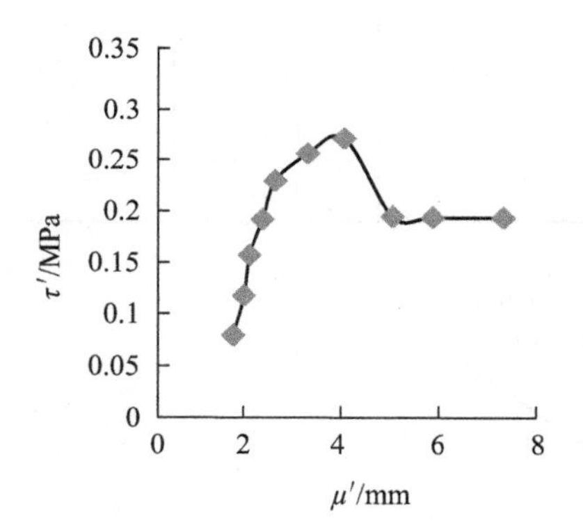

图 5.12　δ=0.3296MPa 时的 $\tau'-\mu'$关系曲线

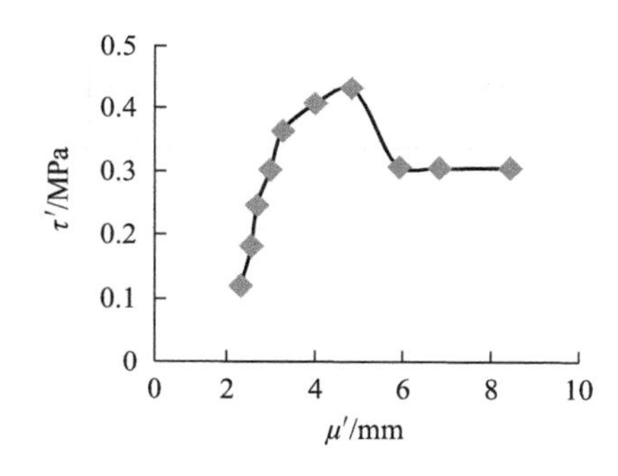

图 5.13　δ=0.5940MPa 时的 $\tau'-\mu'$关系曲线

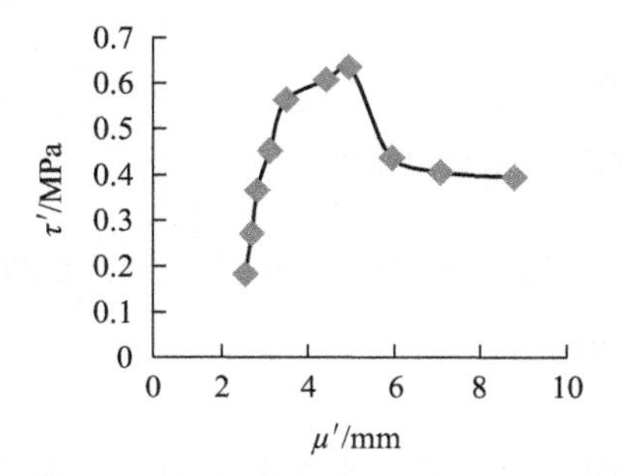

图 5.14　δ=0.7796MPa 时的 $\tau'-\mu'$关系曲线

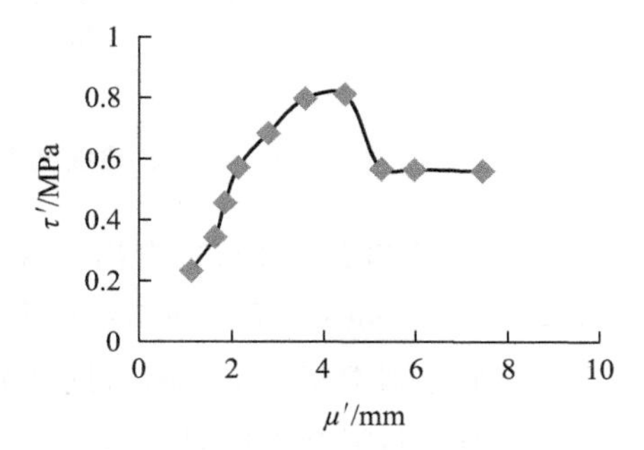

图 5.15　δ=1.0827MPa 时的 $\tau'-\mu'$关系曲线

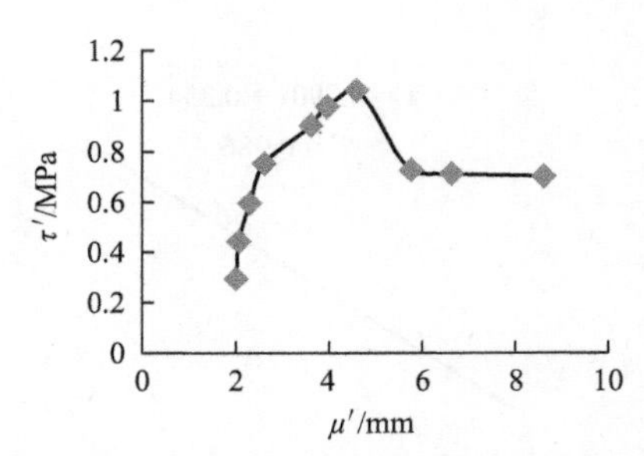

图 5.16　$\delta=1.4563$MPa 时的 $\tau'-\mu'$ 关系曲线

表 5.3　28d 龄期普通混凝土与岩基的抗滑参数试验结果

试验序号	法向应力峰值 δ/MPa	切向应力峰值 τ'/MPa	摩擦系数 f'	黏聚力 c'/MPa	剪切位移 μ'/mm	平均剪切位移 $\overline{\mu'}$/mm
1	0.3296	0.2857	0.686	0.051	4.71	4.70
2	0.5940	0.4328			4.64	
3	0.7796	0.6359			4.73	
4	1.0827	0.8127			4.81	
5	1.4563	1.0421			4.61	

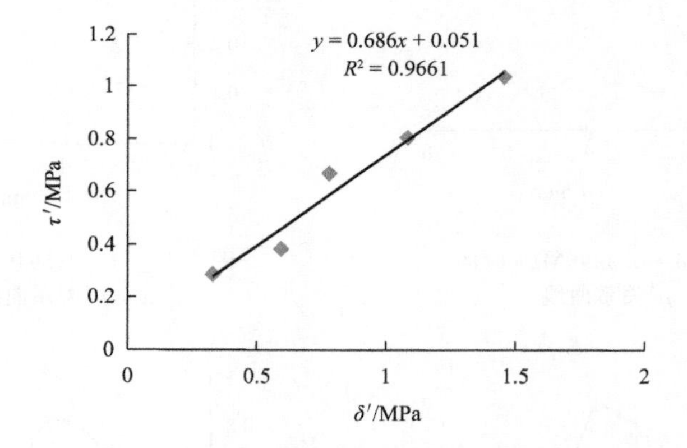

图 5.17　普通混凝土与岩基的 $\tau'-\delta'$ 回归曲线

由图 5.17 和表 5.3 可以看出，普通混凝土与岩基的应力方程 $\tau'=0.686\delta+0.051$，$R^2=0.9661$；平均剪切位移为 4.70mm。

② 橡胶集料混凝土抗剪断与抗滑试验

a. 橡胶集料混凝土抗剪断试验。不同法向应力 δ 下，水平剪应力 τ 与剪切位移 μ 的关系曲线见图 5.18～图 5.22；橡胶粉混凝土抗剪断参数试验结果见表 5.4 和图 5.23。

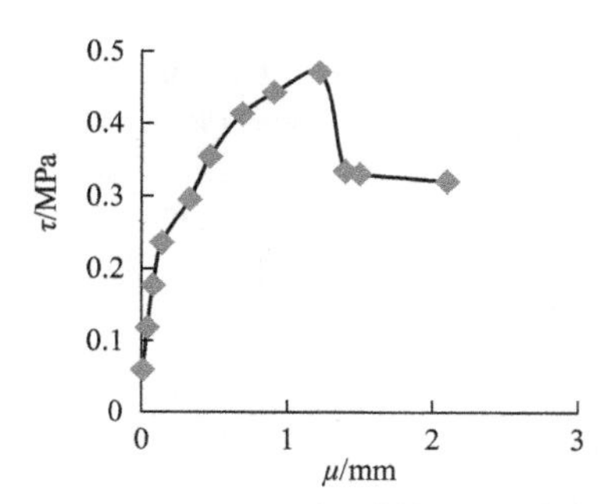

图 5.18　δ=0.1670MPa 时的 τ-μ 关系曲线

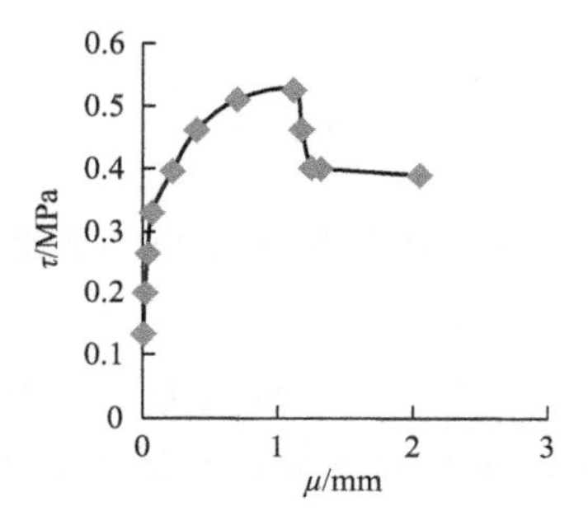

图 5.19　δ=0.2084MPa 时的 τ-μ 关系曲线

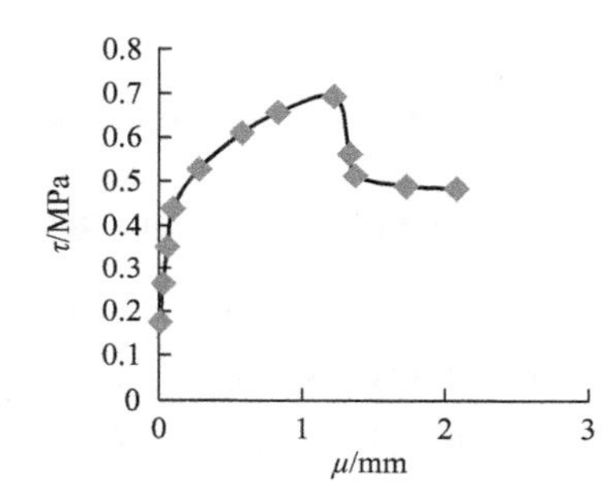

图 5.20　δ=0.3336MPa 时的 τ-μ 关系曲线

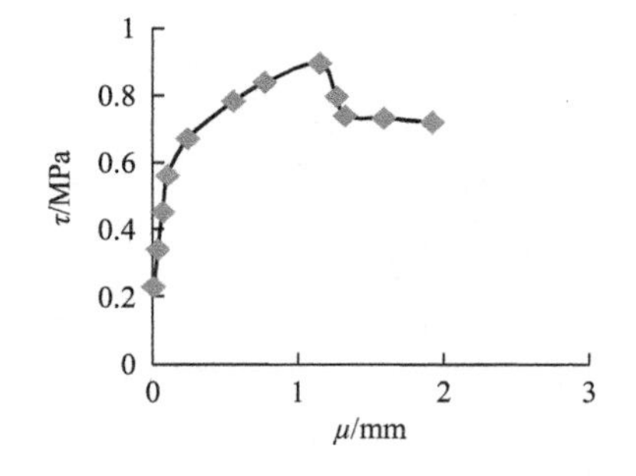

图 5.21　δ=0.4937MPa 时的 τ-μ 关系曲线

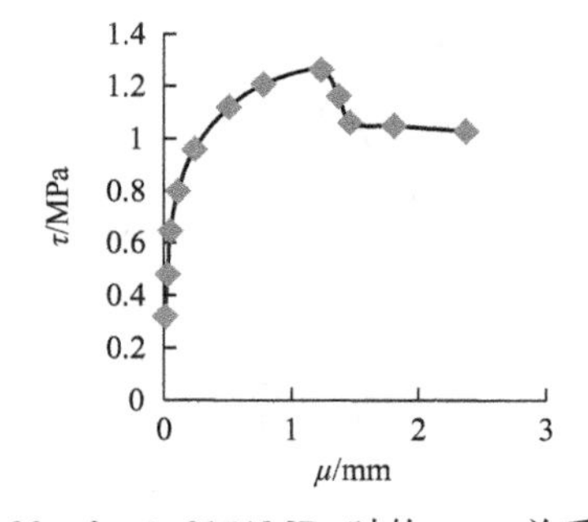

图 5.22　δ=0.8151MPa 时的 τ-μ 关系曲线

表 5.4　28d 龄期橡胶粉混凝土与岩基的抗剪断参数试验结果

试验序号	法向应力峰值 δ/MPa	切向应力峰值 τ/MPa	摩擦系数 f	黏聚力 c/MPa	剪切位移 μ/mm	平均剪切位移 $\overline{\mu}$/mm
1	0.1670	0.4711	1.150	0.282	1.22	1.20
2	0.2084	0.5358			1.26	
3	0.3336	0.7634			1.12	
4	0.4937	0.8790			1.22	
5	0.8151	1.2242			1.18	

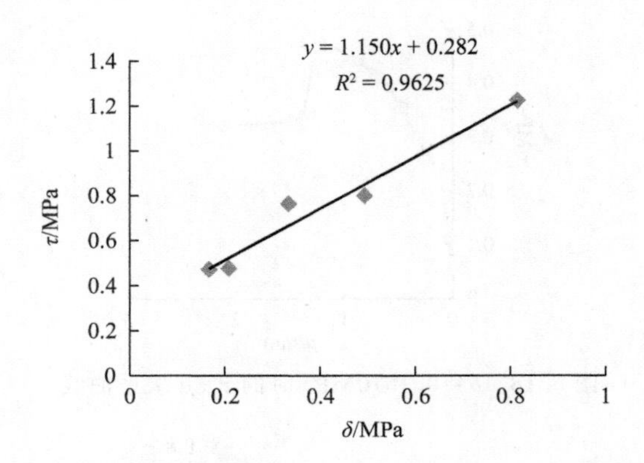

图 5.23　橡胶集料混凝土与岩基的抗剪断应力 $\tau-\delta$ 回归曲线

由图 5.23 和表 5.4 可知，橡胶集料混凝土与岩基的抗剪断应力方程 $\tau=1.150\delta+0.282$，$R^2=0.9625$；平均剪切位移为 1.20mm。

b. 橡胶集料混凝土抗滑试验。不同法向应力 δ 下，水平剪应力 τ' 与剪切位移 μ' 的关系曲线见图 5.24～图 5.28；橡胶粉混凝土抗剪参数试验结果见表 5.5 和图 5.29。

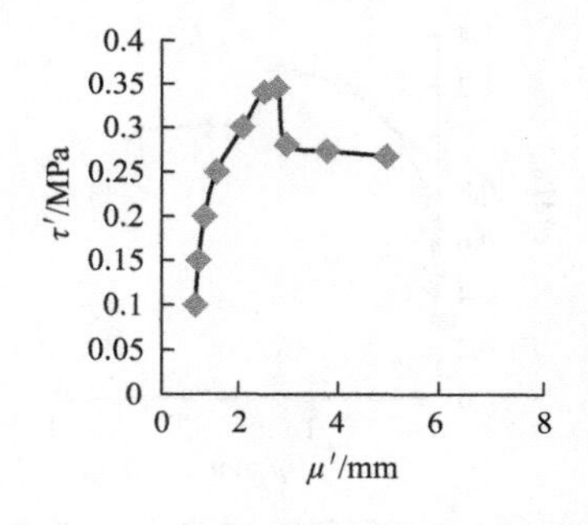

图 5.24　$\delta=0.1670$MPa 时的 $\tau'-\mu'$ 关系曲线

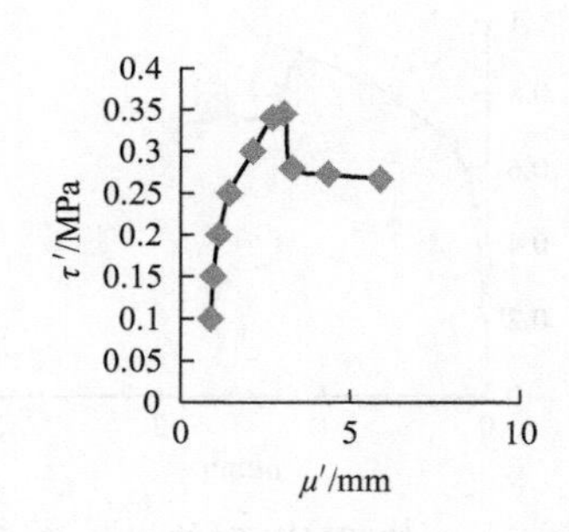

图 5.25　$\delta=0.2084$MPa 时的 $\tau'-\mu'$ 关系曲线

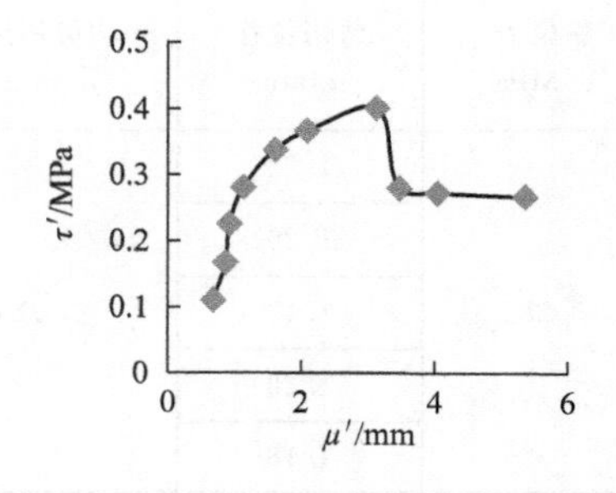

图 5.26　$\delta=0.3336$MPa 时的 $\tau'-\mu'$ 关系曲线

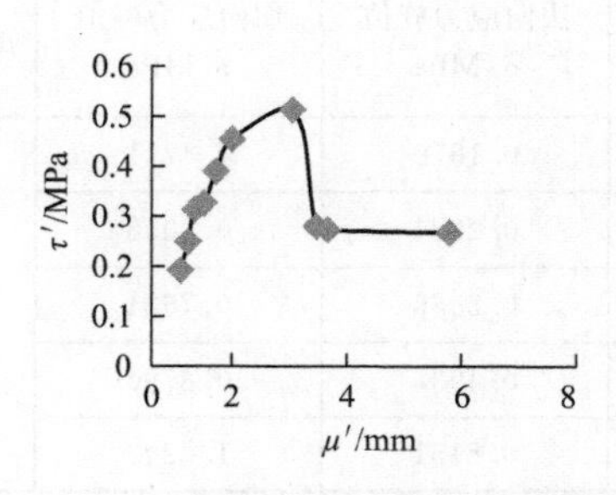

图 5.27　$\delta=0.4937$MPa 时的 $\tau'-\mu'$ 关系曲线

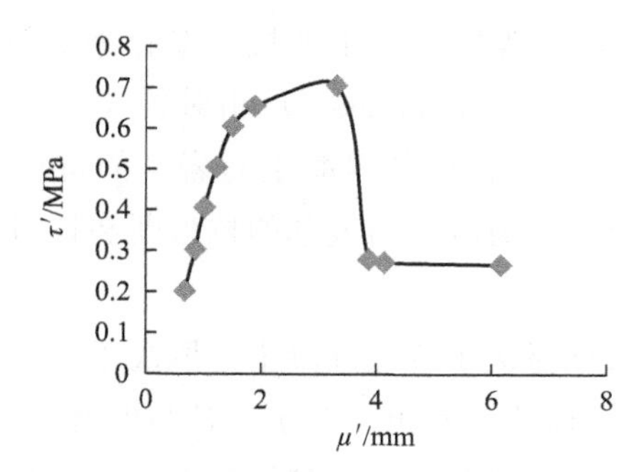

图 5.28　δ=0.8151MPa 时的 τ'-μ'关系曲线

表 5.5　28d 龄期橡胶集料混凝土与岩基的抗滑参数试验结果

试验序号	法向应力峰值 δ'/MPa	切向应力峰值 τ'/MPa	摩擦系数 f'	黏聚力 c'/MPa	剪切位移 μ'/mm	平均剪切位移 $\overline{\mu}'$/mm
1	0.1670	0.2841	1.052	0.095	3.21	3.19
2	0.2084	0.3742			3.03	
3	0.3336	0.3814			3.13	
4	0.4937	0.5731			3.31	
5	0.8151	0.9870			3.29	

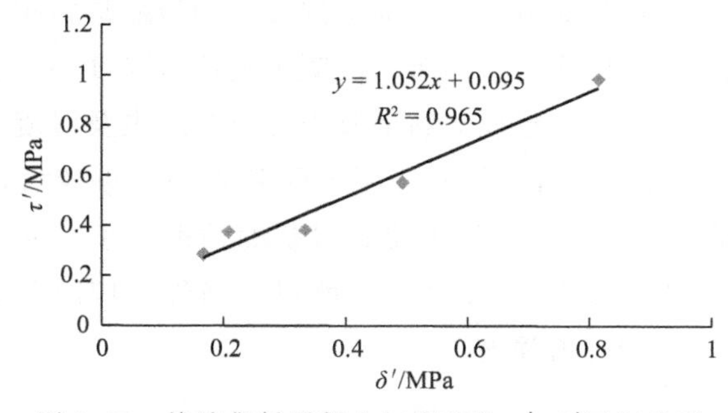

图 5.29　橡胶集料混凝土与岩基的 τ'-δ'回归曲线

由图 5.29 和表 5.5 可以看出，橡胶集料混凝土与岩基的应力方程 $\tau'=1.052\delta'+0.095$，$R^2=0.965$；平均剪切位移为 3.19mm。

比较普通混凝土和橡胶集料混凝土与岩基的抗剪断应力方程可以看出，橡胶集料混凝土与岩基的摩擦系数（1.150）远高于普通混凝土与岩基的摩擦系数（0.790），橡胶集料混凝土与岩基的黏聚力（0.282MPa）与普通混凝土与岩基的黏聚力（0.254MPa）相差较小。对于两种混凝土与岩基的抗滑参数而言，橡胶集料混凝土的抗滑摩擦系数几乎是普通混凝土的 1.5 倍。橡胶集料混凝土与岩基的抗滑摩擦系数为1.052，而普通混凝土的抗滑摩擦系数仅为0.686；同样，橡胶集料混凝土与岩基的黏聚力（0.095MPa）相对较大，几乎是普通混凝土的黏聚力（0.051MPa）的2倍。综合两种混凝土与岩基的抗剪断和抗滑参数，可以看出，橡胶集料混凝土可提高混凝土与岩基的抗剪断和抗滑性能，增强岩基建筑物的抗滑稳定性。

橡胶集料混凝土抗剪性能优于普通混凝土，取决于岩基与橡胶集料混凝土的剪切特性。根据 $\tau-\mu$ 关系曲线可看出，对于岩基与混凝土接触面的抗剪断试验，剪应力在接近峰值强度时开始屈服，在达到峰值点后，位移迅速增大，剪应力迅速减小，最终到达一定值，即残余强度。普通混凝土剪应力在达到峰值点后，下降幅度大，残余强度为峰值强度的56%～73%，平均为66%，临界剪断时试件的平均剪切位移为2.24mm。橡胶粉混凝土剪应力在达到峰值点后，残余强度为峰值强度的68%～82%，平均为74%，平均剪切位移为1.20mm。由 $\tau'-\mu'$ 关系曲线可以看出，普通混凝土完全剪断时试件的平均剪切位移为4.70mm，橡胶集料混凝土为3.19mm。普通混凝土与岩基的抗剪断位移和抗滑位移均大于橡胶集料混凝土，与有关文献中阐述的橡胶集料混凝土与普通混凝土相比抗剪参数较大、平均剪切位移较小的结论相一致。

大坝岩基与混凝土的接触面上，混凝土由于水泥水化放热，受到岩基约束，易引起温度应力集中，产生裂缝。接触面上混凝土的裂缝是影响混凝土与岩基间抗剪性能发生变化的关键因素。裂缝多，混凝土的抗剪强度小；裂缝少，混凝土的抗剪强度大。普通混凝土与橡胶集料混凝土受岩基约束及混凝土与岩基接触面上产生的细微裂缝情况亦不同。普通混凝土受到岩基约束较大，产生的裂缝较多，如图5.30所示。橡胶集料混凝土受到岩基的约束较小，混凝土与岩基的接触面上基本无裂缝产生，如图5.31所示。所以，当受到切向剪应力作用时，橡胶集料混凝土具有更高的抗剪强度。

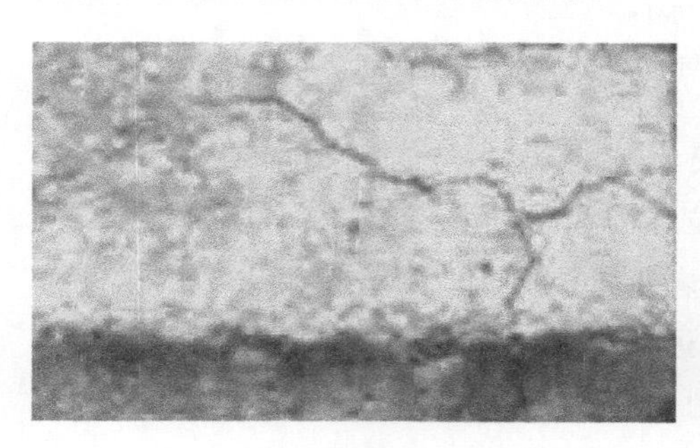

图5.30　岩基面普通混凝土裂缝

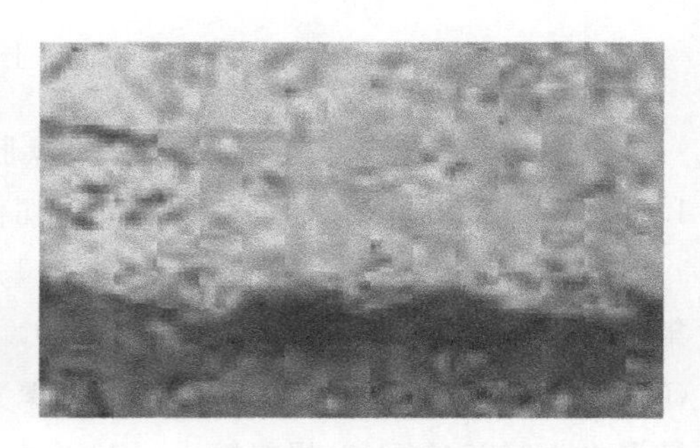

图5.31　岩基面橡胶粉混凝土无裂缝产生

5.2.2 不同橡胶集料掺量时混凝土抗剪断与抗滑试验

（1）橡胶集料掺量 $10kg/m^3$ 时混凝土与岩基间的抗剪断与抗滑试验　橡胶集料掺量为 $10kg/m^3$，成型制备试件，养护 28d，进行试验测试，测试结果见表 5.6、表 5.7 和图 5.32、图 5.33。

表 5.6　橡胶集料掺量 $10kg/m^3$ 混凝土与岩基的抗剪断参数试验结果

试验序号	法向应力峰值 δ/MPa	切向应力峰值 τ/MPa	摩擦系数 f	黏聚力 c/MPa
1	0.3317	0.5433	0.817	0.274
2	0.6015	0.8436		
3	0.7934	0.8591		
4	1.1036	1.1266		
5	1.5683	1.5938		

表 5.7　橡胶集料掺量 $10kg/m^3$ 混凝土与岩基的抗滑参数试验结果

试验序号	法向应力峰值 δ'/MPa	切向应力峰值 τ'/MPa	摩擦系数 f'	黏聚力 c'/MPa
1	0.3317	0.2931	0.703	0.064
2	0.6015	0.4416		
3	0.7934	0.7060		
4	1.1036	0.8069		
5	1.5683	1.1662		

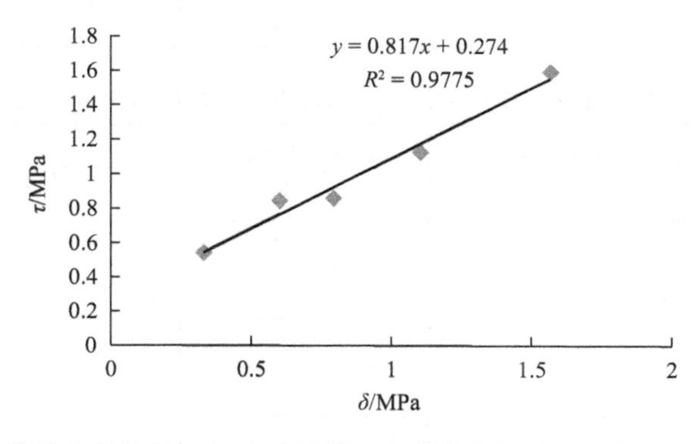

图 5.32　橡胶集料掺量 $10kg/m^3$ 混凝土与岩基的抗剪断应力 $\tau-\delta$ 回归曲线

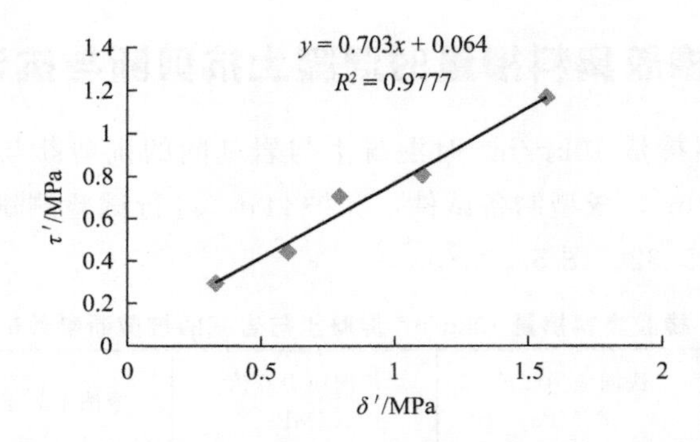

图 5.33　橡胶集料掺量 10kg/m³ 混凝土与岩基的 τ'-δ' 回归曲线

分别对表 5.6 和表 5.7 中数据进行线性回归，见图 5.32 和图 5.33，得出橡胶集料掺量 10kg/m³ 混凝土与岩基的抗剪断应力方程 $\tau=0.817\delta+0.274, R^2=0.9775$；抗滑应力方程 $\tau'=0.703\delta'+0.064$，$R^2=0.9777$。

（2）橡胶掺量 30kg/m³ 时混凝土与岩基间的抗剪断与抗滑试验　橡胶集料掺量为 30kg/m³ 成型制备试件，养护 28d 龄期，进行试验测试，测试结果见表 5.8、表 5.9 和图 5.34、图 5.35。

表 5.8　橡胶集料掺量为 30kg/m³ 混凝土与岩基的抗剪断参数试验结果

试验序号	法向应力峰值 δ/MPa	切向应力峰值 τ/MPa	摩擦系数 f	黏聚力 c/MPa
1	0.1635	0.4836	1.286	0.282
2	0.1716	0.5318		
3	0.2180	0.5024		
4	0.3430	0.8213		
5	0.5067	0.8668		
6	0.8285	1.3627		

表 5.9　橡胶集料掺量为 30kg/m³ 混凝土与岩基的抗滑参数试验结果

试验序号	法向应力峰值 δ'/MPa	切向应力峰值 τ'/MPa	摩擦系数 f'	黏聚力 c'/MPa
1	0.1635	0.2673	1.084	0.106
2	0.1716	0.3078		
3	0.2180	0.3027		
4	0.3430	0.5516		
5	0.5067	0.6234		

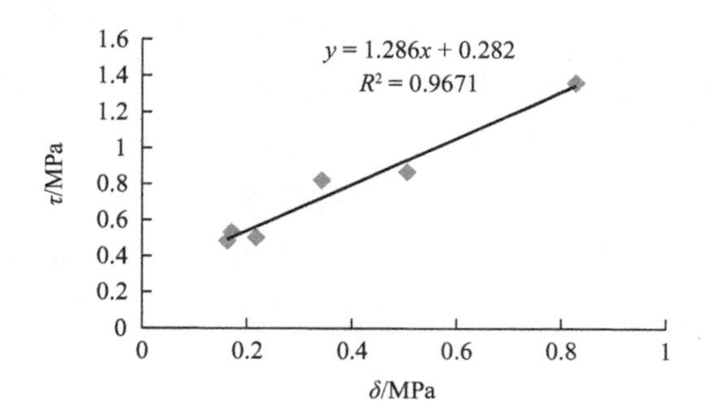

图 5.34　橡胶集料掺量为 30kg/m^3 混凝土与岩基的抗剪断应力 τ-δ 回归曲线

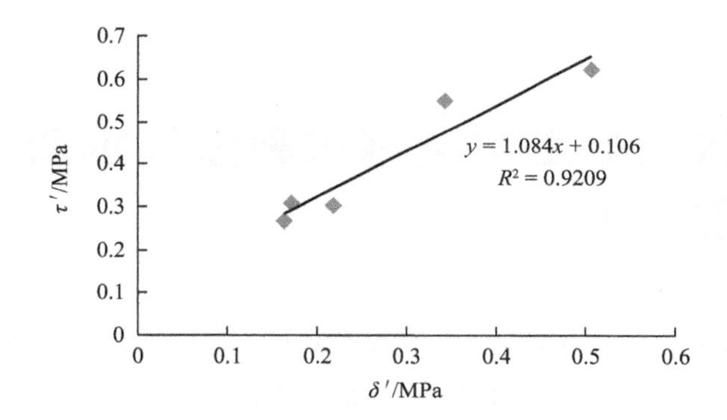

图 5.35　橡胶集料掺量为 30kg/m^3 混凝土与岩基的 τ'-δ' 回归曲线

分别对表 5.8 和表 5.9 中数据进行线性回归，见图 5.34 和图 5.35，得出橡胶集料掺量 30kg/m^3，混凝土与岩基的抗剪断应力方程 $\tau=1.286\delta+0.282$，$R^2=0.9671$；抗滑应力方程 $\tau'=1.084\delta'+0.106$，$R^2=0.9209$。

(3) 岩基与不同橡胶集料掺量的混凝土抗剪断与抗滑参数　综合表 5.2～表 5.9 中试验结果，岩基与不同掺量的橡胶集料混凝土间的摩擦系数与黏聚力见表 5.10。

表 5.10　岩基与混凝土的抗剪断与抗滑参数

橡胶集料掺量/(kg/m^3)	抗剪断参数		抗滑参数	
	摩擦系数 f	黏聚力 c/MPa	摩擦系数 f'	黏聚力 c'/MPa
0	0.790	0.254	0.686	0.051
10	0.817	0.274	0.703	0.064
20	1.150	0.282	1.052	0.095
30	1.286	0.282	1.084	0.106

由表 5.10 可以看出，橡胶集料掺量增加，岩基与混凝土的抗剪断摩擦系数增大，但黏聚力变化较小，掺量为 $20kg/m^3$ 和 $30kg/m^3$ 时的黏聚力相同；橡胶集料掺量增加，岩基与混凝土的抗滑摩擦系数和黏聚力均具有增大的趋势，但与橡胶集料掺量为 $20kg/m^3$ 时的抗滑参数比较，掺量为 $30kg/m^3$ 抗滑参数增加的幅度较小。综合普通混凝土与橡胶集料混凝土的抗剪断和抗滑参数大小，可以看出，在混凝土中掺加部分橡胶集料可提高混凝土与岩基的抗剪断和抗滑性能。

5.3 橡胶集料混凝土与岩基抗剪断及抗滑性能机理分析

混凝土的抗剪性能与其岩基面上的裂缝扩展有关，而混凝土裂缝扩展大小与其断裂韧度相关。因此研究不同掺量的橡胶粉混凝土的断裂韧度，有利于揭示橡胶粉混凝土-岩基的抗剪机理。根据混凝土断裂韧度试验方法，测得橡胶掺量分别为 0、$10kg/m^3$、$20kg/m^3$、$30kg/m^3$ 的起裂韧度和失稳韧度，结果见表 5.11。

表 5.11　不同橡胶粉掺量的混凝土双 K 断裂韧度均值

橡胶粉掺量/(kg/m^3)	K_{IC}^{Q}/($MPa \cdot m^{1/2}$)	K_{IC}^{S}/($MPa \cdot m^{1/2}$)
0	0.726	1.289
10	0.791	1.497
20	0.850	1.592
30	0.929	1.701

从表 5.11 可以看出，橡胶粉掺量大，混凝土的起裂断裂韧度和失稳断裂韧度均增大。橡胶粉掺量 $30kg/m^3$，起裂断裂韧度和失稳断裂韧度分别为基准混凝土的 1.280 倍和 1.320 倍。表明橡胶粉混凝土对荷载能量有较高的吸收能力，当橡胶粉混凝土受到剪切外力时，可有效吸收剪切功，具有较好的抗剪性能。同时，橡胶粉混凝土断裂韧度参数大，增强抵抗混凝土裂缝扩展的性能，提高抗滑稳定性能。

5.4 小　结

本章主要研究成果如下：

(1) 在法向荷载一定时，橡胶粉掺量对岩基上混凝土基底反力影响显著。橡胶粉混凝土的基底反力呈现边缘小，中间大分布，有利于克服边缘处的应力集中；受到水平荷载破坏时需要的能量大，混凝土建筑物更稳定。

(2) 废弃橡胶粉混凝土与岩基的抗剪性能与橡胶掺量有关。橡胶掺量增加，混凝土与岩基的摩擦系数增大。橡胶掺量为 $10kg/m^3$、$20kg/m^3$、$30kg/m^3$ 的混凝土与岩基的抗剪断摩擦系数分别为普通混凝土（橡胶掺量为0）的103.4%、145.6%、162.8%；与岩基的抗滑摩擦系数分别为102.5%、153.4%、158.0%。

(3) 橡胶粉掺量大，混凝土的起裂断裂韧度和失稳断裂韧度均增大。橡胶粉掺量 $30kg/m^3$，起裂断裂韧度和失稳断裂韧度分别为基准混凝土的1.280倍和1.320倍，具有能够抵御混凝土裂缝开裂以及裂缝扩展能力。

5.4 小结

第6章

大变形低渗透混凝土防渗墙制备技术

混凝土防渗墙是对闸坝等水工建筑物在松散透水地基中进行垂直防渗处理的主要措施。其耐久性关系着其它水工建筑物功能发挥。混凝土的强度、弹性模量和渗透系数是防渗墙的关键设计参数，但在实际工程应用中，难以实现这三个参数的有机统一。特别是周围介质（既有土层又有砾石层）相对复杂的混凝土防渗墙，设计要求的混凝土强度等级则相对较高，弹性模量较小，渗透系数较低。采用常规的试验方法和施工技术，难以同时满足混凝土防渗墙的设计要求。因此解决混凝土强度、弹性模量、渗透系数三者之间关系，是一个需要解决的关键问题。本章首先研究了混凝土防渗墙弹性模量与橡胶粉掺量的关系，在此基础上，提出了低渗透大变形混凝土防渗墙制备系列技术。

6.1 不同橡胶粉掺量对混凝土防渗墙弹性模量影响

混凝土的弹性模量是混凝土防渗墙设计的一个重要参数。选择 40～60 目的橡胶粉进行不同橡胶粉掺量对塑性混凝土和普通混凝土弹性模量的试验，结果见表 6.1 和表 6.2。

表 6.1　不同橡胶粉掺量下的塑性混凝土弹性模量试验结果

试验编号	28d 弹性模量/MPa
1	850
2	760
3	510
4	430
5	320

表 6.2　不同橡胶粉掺量下的普通混凝土弹性模量试验结果

试验编号	28d 弹性模量/MPa
1	11000
2	9200
3	6600
4	4800
5	3300

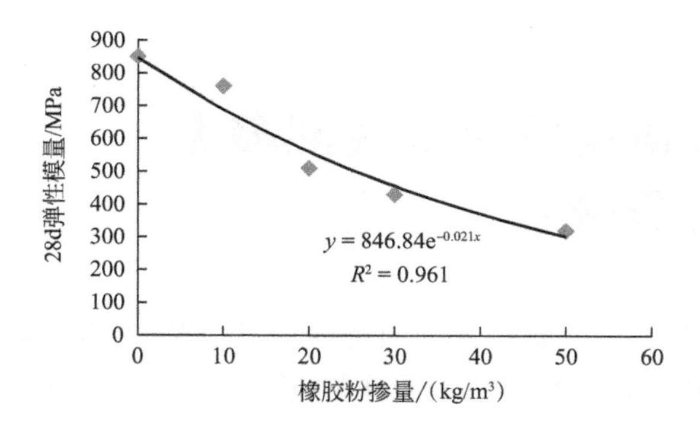

图 6.1　塑性混凝土弹性模量与橡胶粉掺量的关系

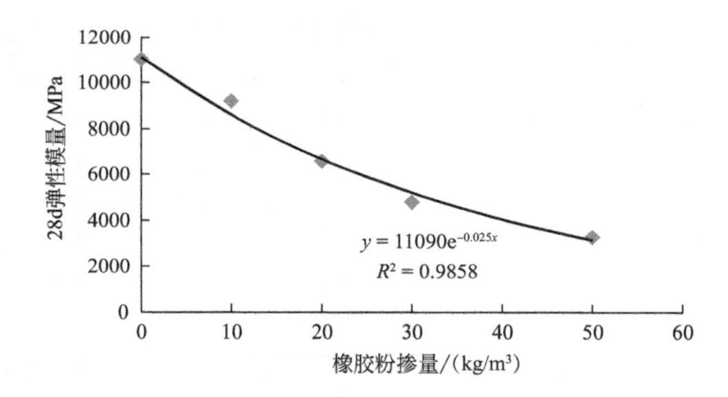

图 6.2　普通混凝土弹性模量与橡胶粉掺量的关系

从表 6.1 可以看出，橡胶粉掺量越大，28d 塑性混凝土的弹性模量越低。橡胶粉掺量为 $10kg/m^3$，混凝土的弹性模量为基准混凝土的 89.4%；掺量为 $30kg/m^3$，混凝土的弹性模量为基准混凝土的 50.6%。对表 6.1 中数据进行拟合，拟合曲线见图 6.1，混凝土 28d 龄期的弹性模量与橡胶粉掺量之间的关系为 $y=846.84e^{-0.021x}$，相关系数 $R^2=0.961$，曲线拟合良好。表 6.2 说明，橡胶粉掺量越大，28d 普通混凝土的弹性模量越低。橡胶粉掺量为 $20kg/m^3$，混凝土的弹性模量为基准混凝土的 60.0%；掺量为 $30kg/m^3$，混凝土的弹性模量为 4800MPa，是基准混凝土的 43.6%；掺量为 $50kg/m^3$，混凝土的弹性模量只有 3300MPa，为基准混凝土的 30.0%。对表 6.2 中数据进行拟合，拟合曲线见图 6.2，混凝土 28d 龄期的弹性模量与橡胶粉掺量之间的关系为 $y=11090e^{-0.025x}$，相关系数 $R^2=0.9858$，曲线拟合良好。

6.2 低弹性模量高抗渗塑性混凝土防渗墙制备技术

橡胶粉加入混凝土中，混凝土的弹性模量降低，混凝土防渗墙适应周围环境的变形性能增大，但混凝土的渗透系数并没有显著变化。综合利用橡胶粉降低混凝土弹性模量的性能特点，改变混凝土的水胶比和橡胶粉的掺量，可配制低弹性模量高抗渗的混凝土。不同水胶比塑性混凝土配合比见表6.3，混凝土的性能见表6.4。

表6.3　不同水胶比塑性混凝土配合比　单位：kg/m^3

编号	水泥	砂	碎石	膨润土	黏土	橡胶粉	外加剂	水
1	100	765	765	40	160	0	3.0	270
2	130	822	838	40	160	0	4.8	210
3	150	842	878	40	160	0	6.0	180
4	100	730	765	40	160	10	3.3	270
5	130	787	838	40	160	10	6.0	210
6	150	807	878	40	160	10	6.9	180
7	100	660	765	40	160	30	4.0	270
8	130	717	896	40	160	30	8.1	210
9	150	737	983	40	160	30	9.0	180

表6.4　不同水胶比塑性混凝土性能试验结果

编号	弹性模量/MPa	抗压强度/MPa	渗透系数/($\times 10^{-7}$cm/s)
1	850	3.4	4.70
2	6400	6.3	0.14
3	8100	7.6	0.051
4	760	3.4	—
5	1200	5.4	0.16
6	1650	6.6	—
7	430	3.1	4.1
8	670	5.1	—
9	730	5.6	0.043

混凝土的许多性能取决于混凝土的水胶比。分析表6.4的试验结果，可以看出，在塑性混凝土中掺加橡胶粉，改变水胶比，可使混凝土的弹性模量、渗透系数均发生较大变化。塑性混凝土的水胶比减小，弹性模量增大。从图6.3～

图 6.5 可以看出，基准塑性混凝土弹性模量与水胶比的关系为 $y=-18984x+18089$，相关系数 $R^2=0.9885$，曲线拟合良好；橡胶粉掺量 10kg/m³ 塑性混凝土弹性模量与水胶比的关系 $y=-2197.8x+2705.2$，相关系数 $R^2=0.9618$，曲线拟合良好；橡胶粉掺量 30kg/m³ 塑性混凝土弹性模量与水胶比的关系 $y=-719.21x+1150.7$，相关系数 $R^2=0.9796$，曲线拟合良好。水胶比为 0.9，塑性混凝土中未掺橡胶粉时，弹性模量为 850MPa，橡胶粉掺量分别为 10kg/m³、30kg/m³ 时，弹性模量分别为 760MPa、430MPa；水胶比为 0.51，橡胶粉掺量分别为 0、10kg/m³、30kg/m³ 时，弹性模量则分别为 8100MPa、1650MPa、730MPa。水胶比降低，渗透系数减少。相同水胶比时，橡胶粉的掺加对渗透系数影响较小。塑性混凝土的水胶比为 0.9 时，渗透系数在 $4.1\times10^{-7}\sim4.7\times10^{-7}$cm/s 之间，变化不大。水胶比为 0.64、0.51 时，渗透系数分别为 $0.14\times10^{-7}\sim0.16\times10^{-7}$cm/s、$0.043\times10^{-7}\sim0.051\times10^{-7}$cm/s。塑性混凝土的弹性模量与渗透性是相互矛盾的，混凝土渗透性小，则弹性模量大。在塑性混凝土的设计规程中，一般要求弹性模量 $E_{28}\leqslant1000$MPa，渗透系数 $K\leqslant1\times10^{-7}$cm/s。为使混凝土具有更低的渗透系数和较小的弹性模量，分析表 6.4 的试验结果，在试验 9 和试验 1 的弹性模量基本相等时，试验 9 的渗透系数为 0.043×10^{-7}cm/s，比试验 1 的渗透系数低大约 100 倍。因此，要配制渗透系数 $K\leqslant1\times10^{-7}$cm/s 且弹性模量 $E_{28}\leqslant1000$MPa 的塑性混凝土，可采用表 6.3 中试验 9 的结果，即橡胶粉的掺量为 30kg/m³。具有上述性能指标的高抗渗低弹性模量塑性混凝土，仅用调节黏土、膨润土等常规的配合比设计方法难以实现。借助橡胶粉的特性，采用橡胶粉与水胶比相结合的措施，可使塑性混凝土具有较高的抗渗性和能够适应周围环境变形所需的弹性模量。

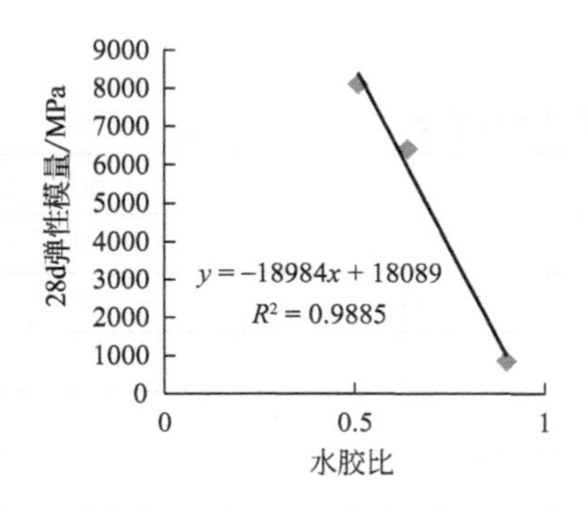

图 6.3　基准塑性混凝土弹性模量与水胶比的关系

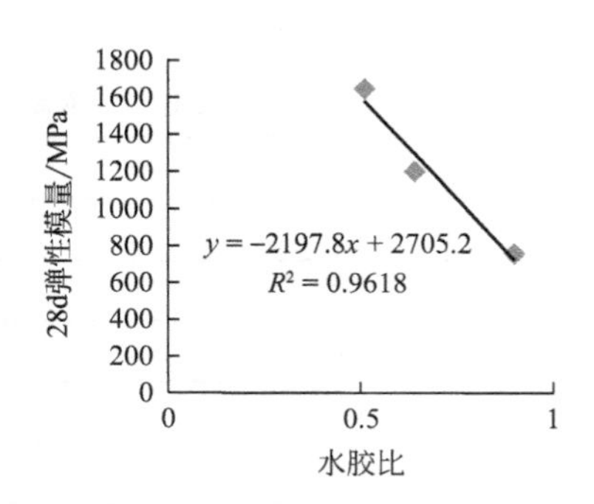

图 6.4　橡胶粉掺量 10kg/m³ 塑性混凝土弹性模量与水胶比的关系

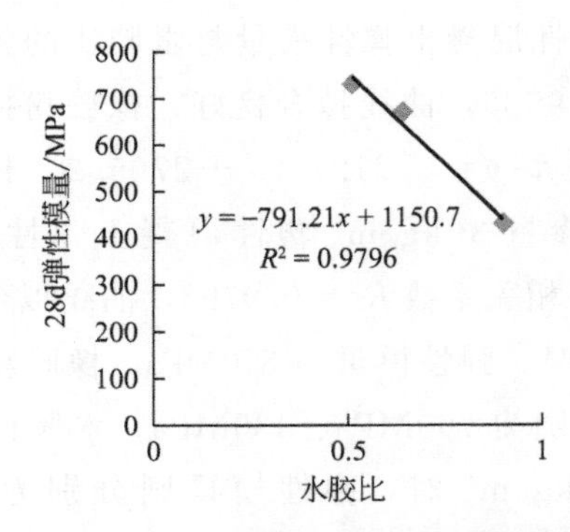

图 6.5　橡胶粉掺量 30kg/m³ 塑性混凝土弹性模量与水胶比的关系

6.3 低弹性模量高抗渗普通混凝土防渗墙制备技术

在周围环境较为复杂的状况下，即含有砾石和土时，坝体防渗墙一般设计为普通混凝土防渗墙。由于普通混凝土防渗墙的混凝土强度等级较高，混凝土的抗压强度较大，弹性模量较高，混凝土防渗墙能够跟砾石层的变形相适应，但与周围为土质的变形难以适应。利用橡胶粉，可配制低弹性模量高抗渗的普通混凝土防渗墙。不同水胶比普通混凝土配合比见表 6.5，混凝土的性能试验结果见表 6.6。

表 6.5　不同水胶比普通混凝土配合比　　单位：kg/m³

编号	水泥	砂	碎石	橡胶粉	水	外加剂
1-1	190	900	1015	0	245	4.0
2-2	230	890	1045	0	210	5.0
3-3	250	882	1078	0	180	6.3
4-4	190	795	1015	30	245	4.0
5-5	230	785	1045	30	210	5.0
6-6	250	777	1078	30	180	6.3
7-7	190	725	1015	50	245	4.0
8-8	230	715	1045	50	210	5.0

续表

编号	水泥	砂	碎石	橡胶粉	水	外加剂
9-9	250	707	1078	50	180	6.3
10-10	250	307	1078	150	180	8.7

表 6.6　不同水胶比普通混凝土性能试验结果

编号	弹性模量/MPa	抗压强度/MPa	渗透系数/($\times10^{-7}$cm/s)
1-1	11000	12.2	0.37
2-2	15300	16.7	0.18
3-3	21000	23.3	0.014
4-4	4800	10.3	0.39
5-5	5300	13.7	0.16
6-6	6100	18.7	—
7-7	3300	7.3	—
8-8	3800	9.8	—
9-9	4000	13.5	0.011
10-10	950	11.0	—

从图 6.6～图 6.8 可以看出，基准普通混凝土弹性模量与水胶比的关系为 $y=-16654x+31977$，相关系数 $R^2=0.9285$，曲线拟合良好；橡胶粉掺量 30kg/m^3 的普通混凝土弹性模量与水胶比的关系 $y=-2142.9x+7485.7$，相关系数 $R^2=0.8995$，曲线拟合尚可；橡胶粉掺量 50kg/m^3 普通混凝土弹性模量与水胶比的关系 $y=-1240.6x+4907.5$，相关系数 $R^2=0.9973$，拟合曲线良好。表 6.6 说明，水胶比为 1.29，普通混凝土中未掺橡胶粉时，弹性模量为 11000MPa；橡胶粉掺量为 30kg/m^3、50kg/m^3，弹性模量为 4800MPa、3300MPa，抗压强度为 10.3MPa、7.3MPa；水胶比为 0.72 时，橡胶粉掺量为 30kg/m^3、50kg/m^3，弹性模量则为 6100MPa、4000MPa，抗压强度为 18.7MPa、13.5MPa，渗透系数为 0.011×10^{-7}～0.014×10^{-7}cm/s，比水胶比为 1.29 时混凝土的渗透系数低近 2 个数量级。橡胶粉掺量为 150kg/m^3，混凝土的弹性模量为 950MPa，抗压强度为 11.0MPa，渗透系数小于 0.011×10^{-7}cm/s。因此，配制渗透系数 $K\leqslant0.01\times10^{-7}$cm/s、弹性模量 $E_{28}\leqslant1000$MPa、28d 抗压强度$\geqslant$10MPa 的普通混凝土，可采用表 6.5 中试验 10-10 的结果，即橡胶粉的掺量为 150kg/m^3。具有上述性能指标等要求的低弹性模量高抗渗普通混凝土防渗墙，用常规的配合比设计方法无法实现。借助于橡胶粉的特性，可使普通混凝土具有较高的抗压强度、抗渗性和

能够适应周围环境变形所需的弹性模量。

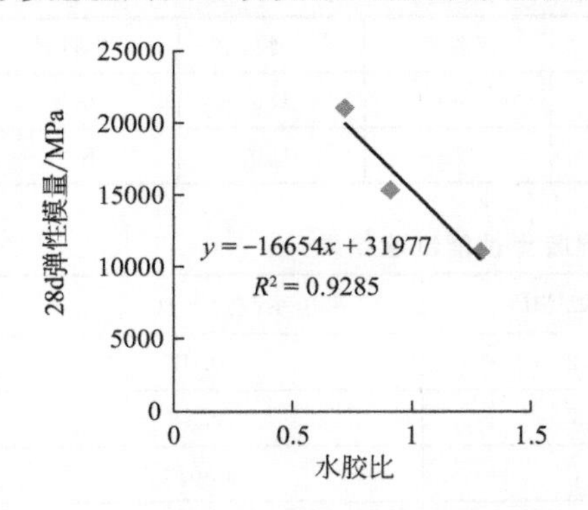

图 6.6 基准普通混凝土弹性模量与水胶比的关系

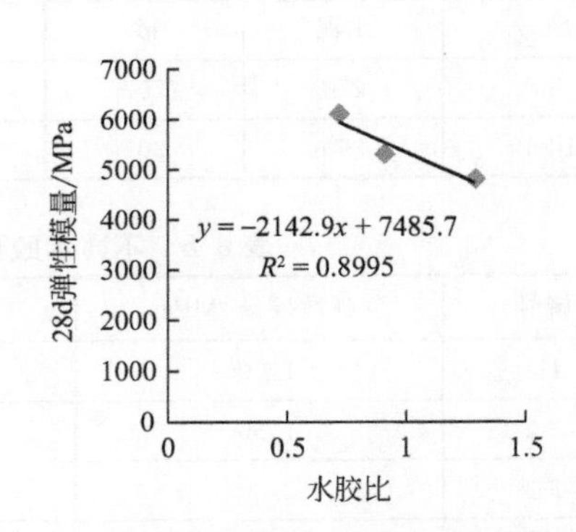

图 6.7 橡胶粉掺量 30kg/m³ 塑性混凝土弹性模量与水胶比的关系

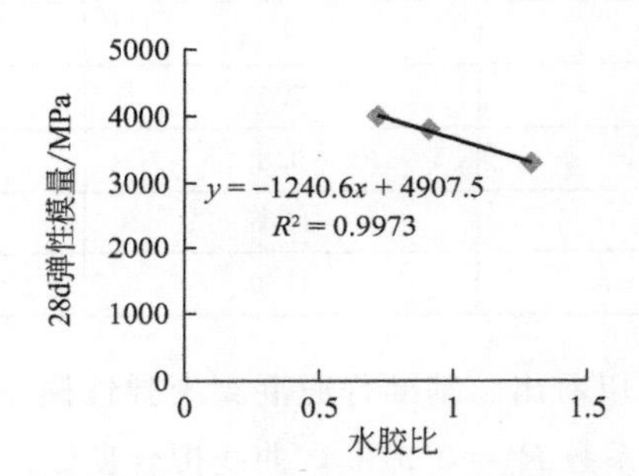

图 6.8 橡胶粉掺量 50kg/m³ 普通混凝土弹性模量与水胶比的关系

6.4 高性能混凝土防渗墙制备技术

在塑性混凝土设计中，一般要求弹性模量 $E_{28d} \leqslant 1000\text{MPa}$，渗透系数 $K \leqslant 1\times10^{-7}\text{cm/s}$。为使混凝土具有更低的渗透系数和较小的弹性模量，仅用调节膨润土等常规的配合比设计方法难以实现。为此需要研究混凝土渗透结晶防水材料。

6.4.1 渗透结晶防水材料制备

基于渗透结晶防水机理，优化选择活性化学物质，制备了一种具有渗透结晶防水功能的自修复材料。

混凝土渗透结晶反应可用下述机理模型来表达：

$$催化剂（1）+Ca^{2+}\longrightarrow催化剂（1）—Ca^{2+}（络合物）$$

$$催化剂（2）+SiO_3^{2-}\longrightarrow催化剂（2）—SiO_3^{2-}（络合物）$$

$$催化剂（1）—Ca^{2+}+催化剂（2）—SiO_3^{2-}\longrightarrow CaSiO_3+催化剂（1）+催化剂（2）$$

上述反应机理实现的关键是：发生化学转换反应的活性化合物的制备及其在混凝土中的迁移渗透性。在此反应理论的指导下，优化选择具有反应活性的化学物质——胆碱，其结构简式为 $[HOCH_2CH_2N(CH_3)_3]OH$，是一种强有机碱，能和 SiO_3^{2-} 在碱性条件下络合，生成不稳定络合物，这是制备渗透结晶防水材料的关键物质。通过优化设计和实验研究，最终确定材料组成成分为：胆碱、硅酸钠、氢氧化钙。

6.4.2　高性能混凝土防渗墙制备

本书结合自主研发的混凝土渗透结晶防水材料，采用废旧橡胶粉-渗透结晶防水材料双掺技术，研究高性能混凝土防渗墙材料制备技术。

（1）高性能塑性混凝土防渗墙　在塑性混凝土中分别掺入橡胶粉和渗透结晶材料，研究渗透结晶材料对塑性混凝土防渗墙的性能影响。所用配合比见表 6.7，测试结果见表 6.8。

表 6.7　塑性混凝土配合比　　单位：kg/m^3

编号	水泥	砂	碎石	膨润土	黏土	橡胶粉	渗透结晶材料	水
1	100	765	765	40	160	0	0	270
2	100	749	765	40	160	10	6	270
3	100	733	765	40	160	20	6	270
4	100	717	765	40	160	30	6	270

表 6.8　渗透结晶材料对塑性混凝土性能影响

编号	弹性模量/MPa	抗压强度/MPa	渗透系数/($\times10^{-7}$cm/s)
1	850	3.4	4.70
2	760	4.2	0.044
3	510	3.8	0.051
4	430	3.6	0.063

从表 6.7 和表 6.8 可知，在塑性混凝土中掺入渗透结晶材料，与基准混凝土比较，混凝土的渗透系数会降低约 2 个数量级。

（2）高性能普通混凝土防渗墙　在普通混凝土中分别掺入橡胶粉和渗透结晶材料，研究渗透结晶材料对普通混凝土防渗墙的性能影响。所用配合比见表 6.9，测试结果见表 6.10。

表 6.9　普通混凝土配合比　单位：kg/m^3

编号	水泥	砂	碎石	橡胶粉	水	外加剂	渗透结晶材料
1	250	307	1078	150	180	8.7	0
2	250	307	1078	150	180	8.7	2.5
3	250	307	1078	150	180	8.7	5.0
4	250	307	1078	150	180	8.7	7.5

表 6.10　渗透结晶材料对普通混凝土性能影响

编号	弹性模量/MPa	抗压强度/MPa	渗透系数/($\times10^{-7}$cm/s)
1	950	11.0	0.0130
2	970	12.1	0.0070
3	1117	13.7	0.0016
4	1240	14.3	0.0012

从表 6.9 和表 6.10 可知，在普通混凝土中掺入渗透结晶材料，与基准橡胶粉混凝土比较，混凝土的渗透系数会减小。

6.5 橡胶粉粒改性混凝土在坝体防渗墙中的应用

青州仁河水库位于小清河水系淄河支流的仁河中游，控制流域面积 $80km^2$，总库容 2696 万 m^3，兴利水位 332.00m，兴利库容 1739 万 m^3，死库容 280 万 m^3。其是一座以防洪、灌溉为主，结合发电、养鱼、城市供水等综合利用的中型水库。该水库自建成并运行至今，由于当时受财力、物力、技术和施工等条件限制，工程施工质量差，坝体渗漏严重，迫切需要对其进行除险加固。青州仁河水库坝体混凝土防渗墙周围既有不同深度的砾石层，又有不同厚度的黏土层，地质条件较为复杂，因此工程技术人员设计的墙体材料采用 C10 混凝土。C10 混凝土的各项指标应为：抗压强度 $R_{28}\geqslant10MPa$；弹性模量 $E_{28}\leqslant1500MPa$；渗透系数

$K \leqslant 1 \times 10^{-9}$ cm/s。上述墙体材料能够适应砾石层的变形，但不能适应土层的变形，因此，施工过程中，在桩号0+280.8、0+295.2、0+324.0、0+338.4四个槽孔内分别浇注橡胶粉掺量为30kg/m³、30kg/m³、50kg/m³、150kg/m³的C10混凝土，配合比分别参考表6.5中的4-4、5-5、9-9、10-10。待龄期至28d后，钻孔取芯，分别进行抗压强度、弹性模量和压水试验，试验结果见表6.11～表6.13。

表6.11 芯样混凝土抗压强度试验结果

桩号	橡胶粉掺量/(kg/m³)	28d抗压强度/MPa
0+259.2	0	12.7
0+280.8	30	11.0
0+295.2	30	14.3
0+324.0	50	13.1
0+338.4	150	10.7

表6.12 芯样混凝土弹性模量试验结果

桩号	橡胶粉掺量/(kg/m³)	28d弹性模量/MPa
0+259.2	0	11600
0+280.8	30	4600
0+295.2	30	5500
0+324.0	50	3000
0+338.4	150	950

表6.13 压水试验结果

桩号	橡胶粉掺量/(kg/m³)	渗透系数/($\times 10^{-7}$cm/s)
0+259.2	0	5.4
0+280.8	30	0.43
0+295.2	30	0.19
0+324.0	50	0.023
0+338.4	150	0.0072

表6.11～表6.13中各桩号内墙体材料28d的抗压强度均大于10.0MPa；掺加橡胶粉的混凝土弹性模量和渗透系数明显低于未掺加橡胶粉的混凝土弹性模量和渗透系数；桩号0+338.4内墙体材料28d的弹性模量为950MPa，能够适应墙体周围砾石层和土层的变形，渗透系数只有0.0072×10^{-7}cm/s，墙体具有较高的抗渗性。

6.6 小　结

本章主要研究成果如下：

（1）建立了塑性混凝土防渗墙28d龄期的弹性模量与橡胶粉掺量之间的关系为$y=846.84e^{-0.021x}$，普通混凝土防渗墙28d龄期的弹性模量与橡胶粉掺量之间的关系为$y=11090e^{-0.025x}$，其中y为弹性模量，x为橡胶粉掺量。

（2）通过改变混凝土的水胶比和橡胶粉的掺量，建立了低弹性模量高抗渗的塑性混凝土制备技术。

（3）建立了渗透系数$K\leqslant1\times10^{-7}$cm/s、弹性模量$E_{28}\leqslant1000$MPa、28d抗压强度$\geqslant$10MPa的普通混凝土制备技术。

（4）通过渗透结晶材料-橡胶粉双掺技术，塑性混凝土防渗墙的渗透系数降低约2个数量级，普通混凝土防渗墙的渗透系数也会相应降低。

第7章

低干缩小徐变高抗冲磨渠道衬砌混凝土制备技术

渠道防渗工程技术是节水灌溉各个环节中的重要一环，衬砌混凝土有利于渠道防渗工程技术的实现。但渠道衬砌混凝土厚度薄，属于大面积薄板混凝土结构，在硬化过程和硬化后会因混凝土干缩、温度变化及地基沉降等产生不同程度的破坏；同时渠道内水压和渠基扬压力长期作用于混凝土，使混凝土产生徐变，直至结构破坏。衬砌混凝土破坏，加重了渠道渗漏，降低了工程效益。因而研究如何提高薄板混凝土结构耐久性，具有重要意义。本章主要研究了橡胶粉混凝土的干缩性能与机理以及橡胶粉混凝土的徐变和抗冲磨性能。

7.1 橡胶粉混凝土干缩

混凝土收缩变形包括塑性收缩、干缩、温度收缩、碳化收缩、自身收缩五种收缩。本试验的收缩变形是各种收缩变形的总和，但因试验试件较小以及本书所要研究的渠道衬砌混凝土表面大，壁薄，因此试验结果主要考虑的是干缩变形。混凝土由于其水分的损失，如蒸发、干燥等过程引起的体积缩小变形，称之为干缩。干缩是混凝土材料的一个重要特性，对混凝土结构的长期性能有着十分重要的影响。处于养护阶段的混凝土是接近水分饱和的，其相对湿度约为100%。拆模后，混凝土中的水分会向周围较干燥的空气中扩散，开始干燥时所损失的自由水并不引起混凝土的收缩，干燥收缩的主要原因是吸附水的消失。因为当水泥混凝土胶凝质点间的距离小于10个水分子的厚度时，吸附在其间的水分子就会产生一种劈张力来平衡胶凝质点间的分子引力，当吸附水消失时，会造成材料的体积收缩，产生收缩开裂，造成混凝土结构物耐久性剧烈降低，最终导致混凝土破坏。

7.1.1 混凝土配合比

根据混凝土配合比设计方法，将橡胶粉等体积取代部分砂子，橡胶粉质量∶砂质量=1∶1.6。设计混凝土强度等级为C25，混凝土中橡胶粉的掺量分别为0、10kg/m^3、20kg/m^3、30kg/m^3。试验所用混凝土配合比见表7.1。

表 7.1　混凝土配合比

试验编号	水泥 /(kg/m³)	橡胶粉 /(kg/m³)	水 /(kg/m³)	砂 /(kg/m³)	碎石 /(kg/m³)	坍落度 /mm	引气减水剂 /(kg/m³)
1	325	0	155	710	1160	55	6.5
2	325	10	155	660	1160	70	6.5
3	325	20	155	610	1160	90	6.5
4	325	30	155	560	1160	85	6.5

7.1.2　结果与讨论

（1）不同橡胶粉掺量对混凝土干缩性能影响　不同橡胶粉掺量混凝土在不同龄期的干燥收缩试件成型与测试仪器见图 7.1 和图 7.2，所用配合比见表 7.1，试验结果见图 7.3。

图 7.1　试件成型

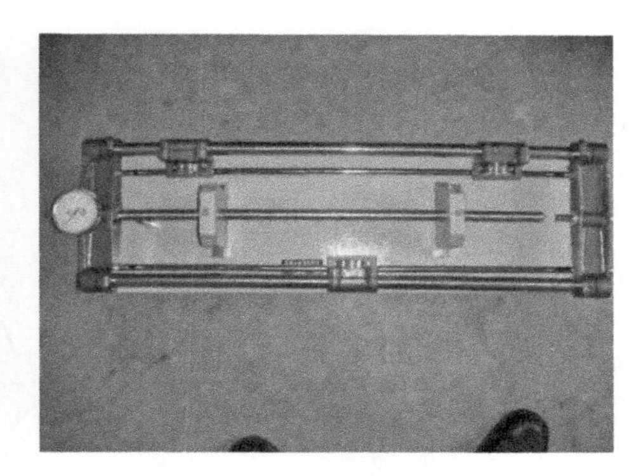

图 7.2　混凝土收缩膨胀仪

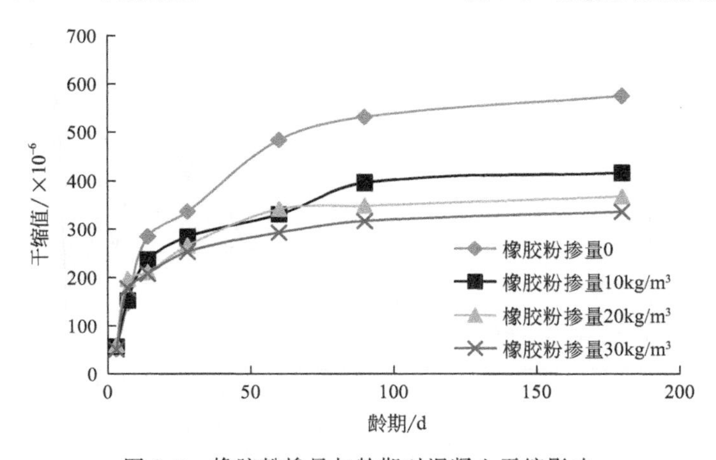

图 7.3　橡胶粉掺量与龄期对混凝土干缩影响

从图 7.3 可以看出，橡胶粉混凝土的干缩值与未掺加橡胶粉混凝土的干缩值在早期大小相当，甚至有一些会有所增大，但后期干缩值减小。这可能是橡胶粉作为弹性体，对水泥石干缩的约束作用较小，所以干缩有增大现象。另外橡胶作为一种固体，占有一定的空间，所以使橡胶水泥胶砂的最终干缩减小。当橡胶掺量≤30kg/m³ 时，不同橡胶粉掺量的混凝土 14～180d 的干缩值均小于未掺加橡胶粉的混凝土，说明掺加橡胶粉可以明显降低混凝土后期的干燥收缩。这可能是由于试件因水化和干燥产生收缩时，橡胶粉属于弹性体，能够吸收部分收缩能量，并且橡胶粒子不透水，它还能够阻断渗水通道，减少水的干燥蒸发速率，从而降低混凝土的干燥收缩值。同时，随着橡胶粒子掺量增大，混凝土各龄期的收缩值呈下降趋势。

（2）机理表征　对不同橡胶粉掺量的混凝土，养护 28d，分别取样，进行压汞试验，结果见图 7.4～图 7.7。

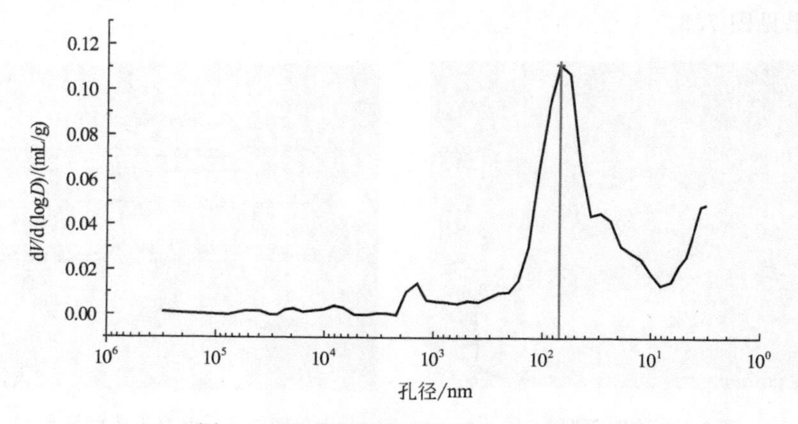

图 7.4　基准混凝土微分孔径分布曲线

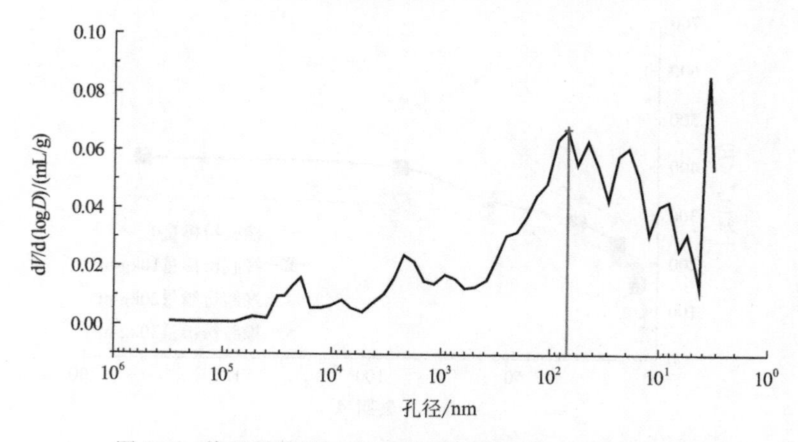

图 7.5　橡胶粉掺量 10kg/m³ 混凝土微分孔径分布曲线

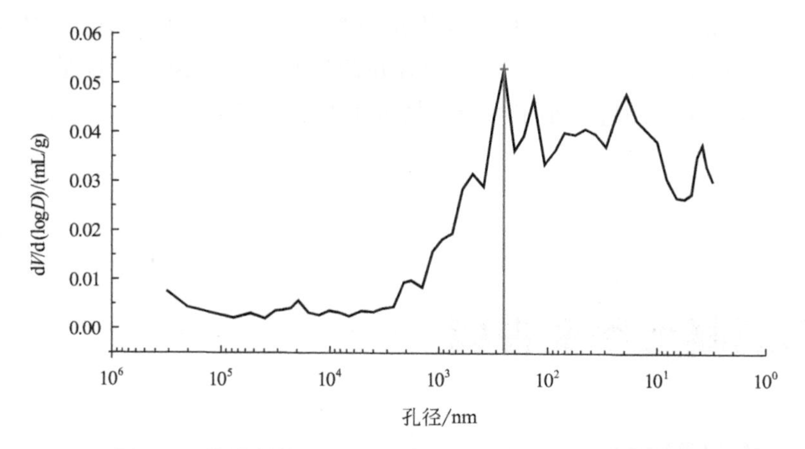

图 7.6　橡胶粉掺量 20kg/m³ 混凝土微分孔径分布曲线

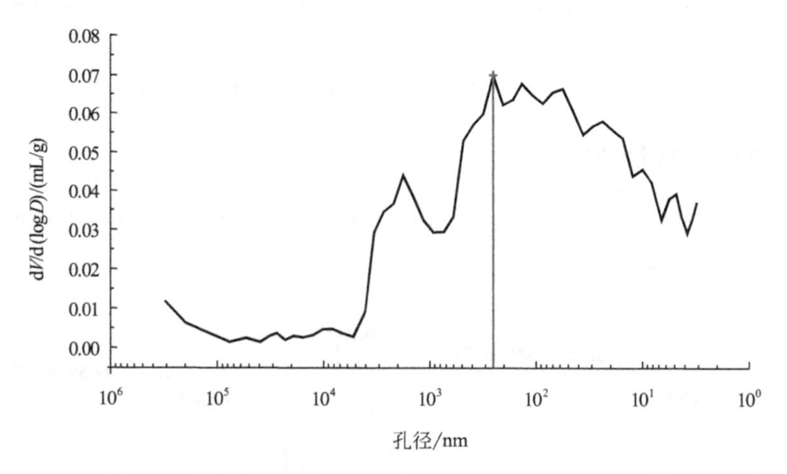

图 7.7　橡胶粉掺量 30kg/m³ 混凝土微分孔径分布曲线

微分曲线反映了孔隙体积增加速率随孔径的变化。由图 7.4～图 7.7 可知，掺有橡胶粉的混凝土的孔径分布曲线，呈齿形分布；基准混凝土的孔径分布曲线相对光滑；而且小于最可几孔径的曲线，即混凝土中较小的孔径曲线，锯齿形分布越明显。这是由混凝土中的橡胶粉，在一定的压力下产生变形，孔径发生变化所导致。依据混凝土干缩理论，毛细孔中的水分蒸发，由于表面张力作用，孔壁产生拉应力，从而产生收缩变形；孔径小，表面张力大，变形大。掺有橡胶粉的混凝土内部毛细孔，孔壁如果有橡胶粉存在，由于橡胶粉具有弹性、吸能作用，孔径变大，表面张力减小，收缩变形减小。因此，掺有橡胶粉的混凝土的干缩变形小。最可几孔径代表出现概率最大的孔径。比较图 7.4～图 7.7，橡胶粉掺量为

20kg/m³ 和 30kg/m³ 的混凝土的最可几孔径基本相同，约为 115nm，大于橡胶粉掺量为 10kg/m³ 的混凝土。这可以解释在测试龄期内，橡胶粉掺量 20kg/m³、30kg/m³ 的混凝土干缩应变小于橡胶粉掺量 10kg/m³ 混凝土。

7.2 渠底混凝土徐变性能

7.2.1 试验配合比

根据混凝土配合比设计方法，将橡胶粉等体积取代部分砂子，橡胶粉质量：砂质量=1：1.6。设计混凝土强度等级为 C25，混凝土中橡胶粉的掺量分别为 0、10kg/m³、20kg/m³、30kg/m³。试验所用混凝土配合比见表 7.1。

7.2.2 结果与讨论

加载应力水平分别为 $0.2f_c$ 和 $0.4f_c$，测试不同橡胶粉对混凝土徐变性能影响，结果见图 7.8 和图 7.9。

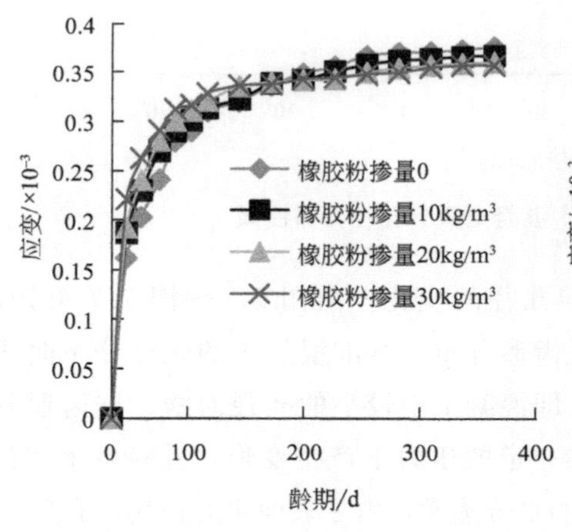

图 7.8 加载应力水平为 $0.2f_c$ 时，不同橡胶粉对混凝土徐变性能影响曲线

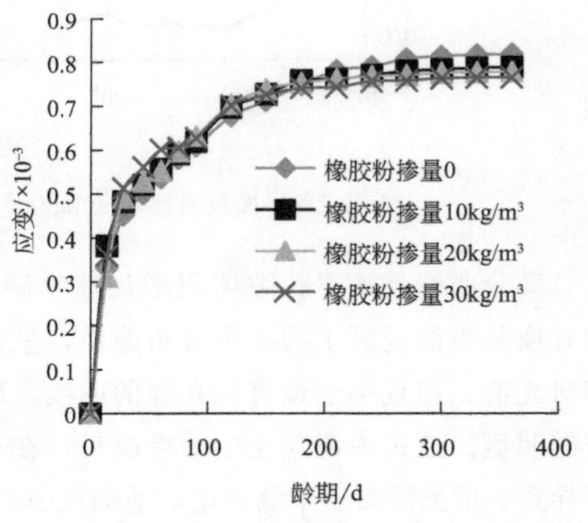

图 7.9 加载应力水平为 $0.4f_c$ 时，不同橡胶粉对混凝土徐变性能影响曲线

从图 7.8 和图 7.9 可知，在加载初期，橡胶粉混凝土的徐变大于基准混凝土，橡胶粉掺量大，徐变大；在加载后期，橡胶粉混凝土的徐变小于基准混凝

土，橡胶粉掺量大，徐变小。这可能是由于混凝土的徐变初期与混凝土的弹性有关，混凝土弹性模量小，混凝土变形大，因此橡胶粉混凝土的徐变大于基准混凝土；橡胶粉掺量大，混凝土弹性模量小，在一定荷载作用下，徐变大。在加载后期，混凝土徐变主要取决于内部裂缝扩展，橡胶粉混凝土的断裂韧度大，抵御裂缝扩展能力强，在一定荷载作用下，内部裂缝少，因此徐变小。

7.3 渠道衬砌混凝土抗冲磨性能

7.3.1 试验配合比

根据混凝土配合比设计方法，将橡胶粉等体积取代部分砂子，橡胶粉质量：砂质量=1∶1.6。橡胶粉在C25混凝土中的掺量分别为0、5kg/m^3、10kg/m^3、20kg/m^3、30kg/m^3、40kg/m^3。硅粉在混凝土中的掺量为胶凝材料的10%，试验所用混凝土配合比见表7.2。

表7.2 混凝土配合比　　单位：kg/m^3

编号	水泥	硅粉	粉煤灰	5～20mm碎石	砂	水	外加剂	橡胶粉
1	314	—	40	1129	692	170	5.1	0
2	314	35.4	40	1129	692	170	7.3	0
3	314	—	40	1129	684	170	5.3	5
4	314	—	40	1129	676	170	6.0	10
5	314	—	40	1129	660	170	7.0	20
6	314	—	40	1129	644	170	7.8	30
7	314	—	40	1129	628	170	8.1	40

7.3.2 结果与讨论

成型，养护试件至28d，进行混凝土抗冲耐磨试验测试，试验结果见表7.3。

表 7.3　橡胶粉混凝土抗冲耐磨性能试验结果

编号	抗冲耐磨强度/[h/(kg/m²)]	磨损率/%
1	7.67	3.62
2	14.43	1.91
3	16.12	1.73
4	22.02	1.33
5	24.64	1.18
6	30.66	0.94
7	33.17	0.87

由表 7.3 中的抗冲耐磨性能指标可见看出，掺橡胶粉的混凝土，提高了混凝土的抗冲耐磨性能。掺量为 5kg/m³、10kg/m³、20kg/m³、30kg/m³、40kg/m³ 的橡胶粉混凝土，其抗冲耐磨强度分别比基准混凝土提高 110%、187%、221%、300%和 331%；硅粉混凝土的抗冲耐磨强度仅比基准混凝土提高 88%。由此可以得出，橡胶粉的掺入可大幅度提高混凝土的抗冲耐磨性能。若仅从抗冲耐磨强度来看，橡胶粉混凝土与同水泥用量的硅粉混凝土相比，抗冲耐磨强度会更大，这说明橡胶粉混凝土的抗冲耐磨性能非常优越，优于硅粉混凝土。

7.4 橡胶粉混凝土在诸城墙夼水库灌区工程中的应用

7.4.1 诸城墙夼水库灌区混凝土工程简介

诸城墙夼水库位于潍河上游，枳沟镇西南，总库容 3.87 亿 m³，水库灌区位于墙夼水库下游，潍河西岸，诸城市的西部。南起一分干，北至渠河，西起总干渠，东到潍河。灌区范围主要包括五莲县的汪湖镇，诸城市的枳沟、龙都、贾悦、舜王、石桥子和相州七处乡镇（街办）的部分土地，266 个自然村。灌区设计灌溉面积 38 万亩，有效灌溉面积 31 万亩，目前实灌面积 17.712 万亩。复种指数 175%，实行库灌合一管理。墙夼水库灌区配套有节水改造工程项目规划总投资 2.79 亿元，计划对 240km 干支渠和 849 座骨干建筑物全部进行防渗衬砌和维修改造。灌区工程级别为Ⅲ等、总干渠建筑物级别为4级，五分干渠和总干四支渠及其建筑物级别为5级。渠道防渗衬砌5.005km。包括：五分干渠长度1.260km，总干四支渠3.745km。维修、改建、重建各类建筑物71座，混凝土及钢筋混凝土体积达26790m³。

7.4.2 橡胶粉在灌区衬砌混凝土应用试验

7.4.2.1 试验现场混凝土拌合物

试验现场采用工程所用配合比C25F150W6见表7.4。混凝土浇筑时采用车载运输，倾倒在渠底上的混凝土拌合物如图7.10和图7.11所示。

表7.4 混凝土配合比

试验编号	水泥/(kg/m³)	橡胶粉/(kg/m³)	水/(kg/m³)	砂/(kg/m³)	碎石/(kg/m³)	引气减水剂/(kg/m³)	坍落度/mm	含气量/%
1	330	0	157	690	1175	6.6	60	4.8
2	315	10	150	640	1175	5.0	50	5.6
3	304	20	143	590	1175	4.5	55	6.4
4	293	30	137	540	1175	4.0	30	6.7

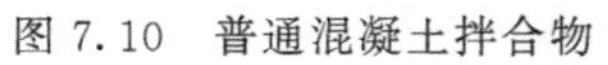

图7.10 普通混凝土拌合物

图7.11 橡胶粉混凝土拌合物

比较图7.10和图7.11可以看出，橡胶粉混凝土拌合物砂浆饱满，粗骨料不分离，没有离析的状况；普通混凝土骨料离析，砂浆不饱满，混凝土工作性能相对较差。

7.4.2.2 应变计埋设

根据应力计算，在渠底混凝土板埋设应变计示意图见图7.12，A、B、C、D

处分别代表橡胶粉掺量为0、10kg/m^3、20kg/m^3、30kg/m^{3}的混凝土。埋设效果图见图7.13～图7.15。应变计型号为JTM-V5000，由常州××仪器公司产。

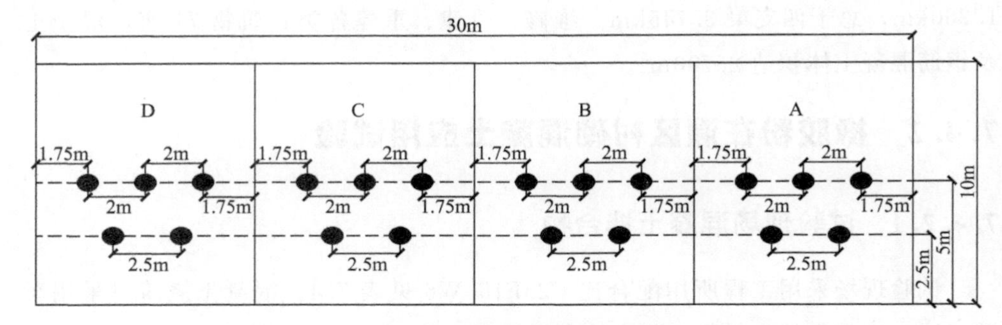

图7.12 应变计埋设示意图

图7.13 埋设应变计后抹面

图7.14 埋设应变计效果图

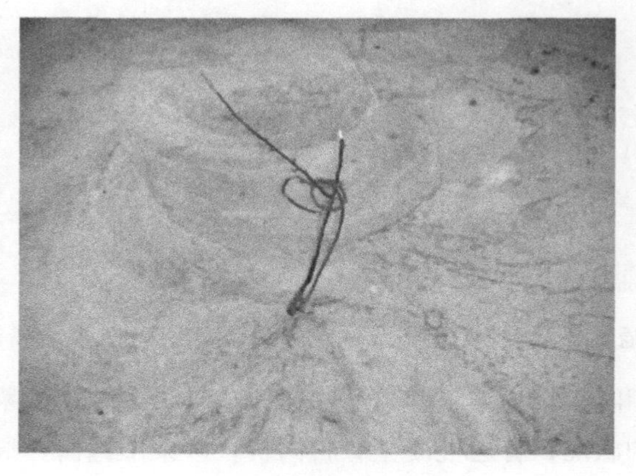

图7.15 单个应变计

7.4.2.3 混凝土应变测试

用JTM-V10型频率读数仪测量不同龄期不同掺量橡胶粉混凝土应变，试验结果见图 7.16。

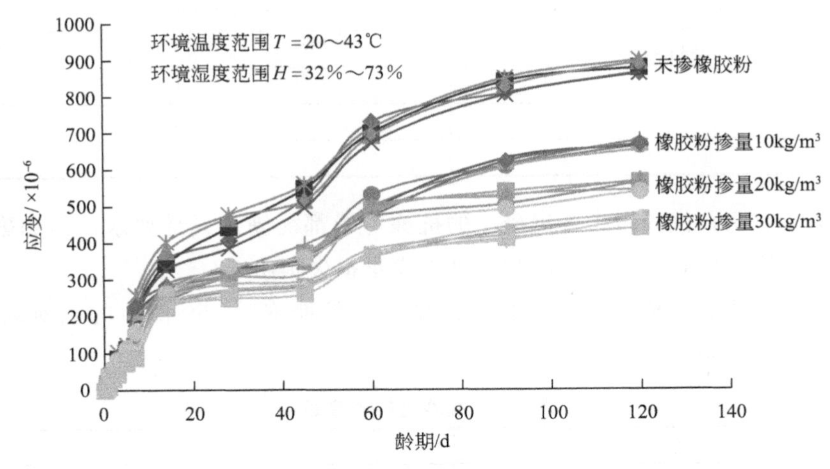

图 7.16　不同龄期不同掺量橡胶粉混凝土实测应变

从图 7.16 可以看出，掺加橡胶粉混凝土的应变明显小于未掺橡胶粉混凝土。在 14d 龄期前，混凝土的应变率最大；在 14～45d 龄期内，混凝土的应变率较小。橡胶粉掺量越大，混凝土的应变越小，且具有橡胶粉掺量 $10kg/m^3$ 可使混凝土应变降低。

7.4.2.4　现场检测试验结果

(1) 抗压强度　养护 28d，取芯，切割后用砂浆抹平，制作 ϕ100mm×100mm 试件，测试并统计计算各试验段混凝土抗压强度，结果见表 7.5。

表 7.5　混凝土抗压强度

试验编号	抗压强度/MPa
1	34.2
2	32.6
3	31.4
4	27.1

从表 7.5 可以看出，试验段工程中，28d 龄期掺加橡胶粉的混凝土虽然强度降低，但仍满足设计要求。

(2) 抗冻性能　成型抗冻试件，测试 28d 龄期冻融 150 次后的相对动弹模量。试验结果见表 7.6。

表 7.6　混凝土抗压强度

试验编号	相对动弹模量/%
1	70.4
2	97.1
3	98.6
4	97.3

表 7.6 表明，试验段中各混凝土的抗冻等级都能满足设计要求，但冻融 150 次循环后，掺加橡胶粉混凝土的相对动弹模量损失很小。

(3) 抗渗性能　成型抗渗试件，测试 28d 龄期冻融 150 次后的相对动弹模量。试验结果见表 7.7。

表 7.7　混凝土抗渗等级

试验编号	抗渗等级
1	>W6
2	>W6
3	>W6
4	>W6

表 7.7 表明，试验段中各混凝土的抗渗等级都能满足设计要求。

7.5 小　结

本章的研究成果如下：

(1) 掺加橡胶粉的混凝土干缩小于基准混凝土，且橡胶粉掺量大，混凝土干缩小。

(2) 揭示了橡胶粉混凝土干缩小的机理，即掺有橡胶粉的混凝土内部毛细孔，孔壁有橡胶粉存在，具有弹性、吸能作用，孔径变大，表面张力减小，收缩变形减小。

(3) 在加载初期，橡胶粉混凝土的徐变大于基准混凝土，橡胶粉掺量大，徐变大；在加载后期，橡胶粉混凝土的徐变小于基准混凝土，橡胶粉掺量大，徐变小。

(4) 橡胶粉可显著提高混凝土的抗冲耐磨性能。

第8章

结　论

本书的研究结论如下：

(1) 橡胶粉粒径在40～60目之间，且级配为4∶6，混凝土的工作性能和强度较好；采用丙乳改性水泥浆包覆橡胶粉技术，橡胶粉密度增大，在新拌合物中分布均匀，不易上浮；界面结构完善，显微硬度增大，强度提高。

(2) 橡胶粉具有硬化应变的特性，混凝土极限拉伸值增大，抗拉弹性模量减小，泊松比增加，塑性开裂时间延长，混凝土抗裂性增强；掺入橡胶粉，混凝土抗冻性能提高，抗渗性能没有明显改善。

(3) 橡胶粉混凝土折压比增大，弹强比减小；橡胶粉混凝土的起裂韧度和失稳韧度均大于普通混凝土，起裂韧度是普通混凝土的1.17倍，失稳韧度是普通混凝土的1.24倍，混凝土的延性和韧性大。

(4) 岩基约束水工建筑物的应力方程为$y=(1.1193-0.2421h)x^2+(1.9219-0.069h)x+0.8081h+0.0417$，其中$y$为应力，$x$为距离岩基位置，$h$为建筑物尺寸；岩基约束水工建筑物的应力梯度方程为$y=(0.4997-0.0867h)x+0.0764h+0.3230$，其中$y$为应力梯度，$x$为距离岩基位置，$h$为建筑物尺寸。

(5) 岩基约束废弃橡胶粉混凝土的温度应力小于普通混凝土；距离岩基越小，二者之间的温度应力差越大。在闸墩底部设置一层废弃橡胶粉混凝土作为应力吸收层，闸墩中心温度基本不变，闸墩混凝土的温度应力减少37.5%。

(6) 相同尺寸的废弃橡胶粉混凝土应变大于普通混凝土；废弃橡胶粉混凝土应变与构件尺寸有关，尺寸大，应变大；相同尺寸构件的废弃橡胶粉混凝土耐温差性能优于普通混凝土；废弃橡胶粉混凝土构件显著节约冷却水用量20%～34%，具有明显的温控优势；橡胶粉吸收了部分应力，表现为混凝土温度应力减小，橡胶粉混凝土线膨胀系数减小。

(7) 在法向荷载一定时，橡胶粉掺量对岩基上混凝土基底反力影响显著；橡胶粉混凝土的基底反力呈现边缘小、中间大的分布，有利于克服边缘处的应力集中；受到水平荷载破坏时需要的能量大，混凝土建筑物稳定。

(8) 废弃橡胶粉混凝土与岩基的抗剪性能与橡胶掺量有关。橡胶掺量增加，混凝土与岩基的摩擦系数增大。橡胶掺量为10kg/m^3、20kg/m^3、30kg/m^{3}的混凝土与岩基的抗剪断摩擦系数分别为普通混凝土（橡胶掺量为0）的103.4%、145.6%、162.8%；与岩基的抗滑摩擦系数分别为102.5%、153.4%、158.0%。

(9) 建立了塑性混凝土防渗墙28d龄期的弹性模量与橡胶粉掺量之间的关系为$y=846.84e^{-0.021x}$，普通混凝土防渗墙28d龄期的弹性模量与橡胶粉掺量之间的关系为$y=11090e^{-0.025x}$，其中y为弹性模量，x为橡胶粉掺量。

（10）通过改变混凝土的水胶比和橡胶粉的掺量，建立了低弹性模量高抗渗的塑性混凝土制备技术；建立了渗透系数 $K \leqslant 1 \times 10^{-7}$cm/s、弹性模量 $E_{28} \leqslant$ 1000MPa、28d抗压强度≥10MPa的普通混凝土制备技术；通过渗透结晶材料-橡胶粉双掺技术，塑性混凝土防渗墙的渗透系数降低约2个数量级；普通混凝土防渗墙的渗透系数也相应降低。

（11）掺加橡胶粉的混凝土干缩小于基准混凝土；掺有橡胶粉的混凝土内部毛细孔，孔壁有橡胶粉存在，具有弹性、吸能作用，孔径变大，表面张力减小，收缩变形减小；橡胶粉掺量大，混凝土干缩小；在加载初期，橡胶粉混凝土的徐变大于基准混凝土，橡胶粉掺量大，徐变大；在加载后期，橡胶粉混凝土的徐变小于基准混凝土，橡胶粉掺量大，徐变小；橡胶粉可显著提高混凝土的抗冲耐磨性能。

参考文献

[1] 王可良，刘玲，隋同波，等. 坝体岩基-橡胶粉改性混凝土现场抗剪（断）试验研究 [J]. 岩土力学，2011，32（3）：753-756.

[2] 王可良，隋同波，许尚杰，等. 岩基约束橡胶集料混凝土开裂应变试验 [J]. 水力发电学报，2013，32（4）：182-186.

[3] 王可良，隋同波，许尚杰，等. 高贝利特水泥混凝土断裂韧性 [J]. 硅酸盐学报，2012，40（8）：1139-1142.

[4] 王可良，隋同波，刘玲，等. 高贝利特水泥混凝土抗拉性能 [J]. 硅酸盐学报，2014，42（11）：1409-1413.

[5] 王可良，隋同波，刘玲，等. 基岩-高贝利特水泥混凝土现场抗剪（断）性能 [J]. 硅酸盐学报，2010，38（9）：1771-1775.

[6] 王可良，刘玲. C25 喷射聚丙烯纤维混凝土的试验研究 [J]. 混凝土与水泥制品，2011（1）：54-62.

[7] 王可良，吕兴友，刘延江，等. 橡胶集料混凝土的极限拉伸变形试验 [J]. 南水北调与水利科技，2014，12（6）：103-105.

[8] 王可良，吕兴友，刘延江. 高贝利特水泥混凝土自生体积变形的尺寸效应 [J]. 混凝土与水泥制品，2014（8）：26-28.

[9] 王可良，李文训，隋同波. 高贝利特水泥对大体积混凝土温控的影响 [J]. 混凝土，2011（8）：128-130.

[10] 王可良，郑灿堂，许尚杰. 渗透结晶材料对混凝土裂缝宽度的修复性能 [J]. 混凝土与水泥制品，2012（1）：21-23.

[11] 王可良，宋芳芳，刘玲. 聚羧酸减水剂对混凝土结构影响 [J]. 材料导报，2014，28（18）：117-120.

[12] 王可良，许尚杰，程素珍. 渗透结晶材料在大坝塑性混凝土防渗墙中的应用 [J]. 水力发电，2012，38（2）：28-30.

[13] 黄延军，刘玲，王可良. 橡胶改性水工混凝土弹强比 [J]. 建筑工程技术与设计，2017（4）：137-139.

[14] 郑茂海，刘玲，王可良. 岩基-橡胶集料混凝土抗剪性能试验研究 [J]. 混凝土世界，2017（4）：94-98.

[15] 胡廷正，刘玲，王可良. 岩基约束橡胶粉改性混凝土溢洪道的温度应力试验 [J]. 工程技术，2017（3）：38-41.

[16] 王可良，苏波，岳峥，等. 基于应力吸收层的水闸闸墩温度应力试验 [J]. 人民长江，2017（1）：244-245.

[17] 宋芳芳，刘玲，王可良. 橡胶粉改性混凝土用于控制岩基约束水工建筑物温控试验 [J]. 工程技术，2017（1）：241-243.

[18] 吴立福，何岗忠，刘玲，等. 水泥浆包裹橡胶集料法配制混凝土的抗压强度 [J]. 中国建材科技，2018（1）：53-54.

[19] 岳雪涛，尹文军，刘玲，等. 纤维复合废弃橡胶改性混凝土的力学性能 [J]. 山西建筑，2018（9）：

75-76.

[20] Fan S W，Liu L，Wang K L. Compressive strength of rubberized concrete with cement paste wrapping rubber aggregate [C] //2nd international conference on architectural engnieering and new materials. Beijing，2017：527-536.

[21] SL 352—2006.

[22] SL/T 264—2020.

[23] DL/T 5332—2005.